全国计算机技术与软件专业技术资格(水平)考试指定用书

信息安全工程师
2018至2022年试题分析与解答

计算机技术与软件专业技术资格考试研究部 主编

清华大学出版社
北京

内 容 简 介

信息安全工程师考试是计算机技术与软件专业技术资格（水平）考试的中级职称考试，是历年各级考试报名的热点之一。本书汇集了从 2018 年到 2022 年的所有试题和权威的解析，欲参加考试的考生认真读懂本书的内容后，将会更加深入理解考试的出题思路，发现自己的知识薄弱点，使学习更加有的放矢，对提升通过考试的信心会有极大的帮助。

本书适合参加信息安全工程师考试的考生备考使用。

版权所有，侵权必究。举报：010-62782989，beiqinquan@tup.tsinghua.edu.cn。

图书在版编目（CIP）数据

信息安全工程师 2018 至 2022 年试题分析与解答 / 计算机技术与软件专业技术资格考试研究部主编. -- 北京：清华大学出版社, 2024.8 (2024.12重印). -- (全国计算机技术与软件专业技术资格（水平）考试指定用书). -- ISBN 978-7-302-67117-6

Ⅰ. TP309-44

中国国家版本馆 CIP 数据核字第 2024JM3332 号

责任编辑：杨如林　邓甄臻
封面设计：杨玉兰
责任校对：徐俊伟
责任印制：刘海龙

出版发行：清华大学出版社
    网　　址：https://www.tup.com.cn, https://www.wqxuetang.com
    地　　址：北京清华大学学研大厦 A 座　　邮　编：100084
    社 总 机：010-83470000　　　　　　　　邮　购：010-62786544
    投稿与读者服务：010-62776969，c-service@tup.tsinghua.edu.cn
    质量反馈：010-62772015，zhiliang@tup.tsinghua.edu.cn
印 装 者：河北盛世彩捷印刷有限公司
经　　销：全国新华书店
开　　本：185mm×230mm　　印　张：11.75　　防伪页：1　　字　数：277 千字
版　　次：2024 年 8 月第 1 版　　　　　　　　　　　　　　　印　次：2024 年 12 月第 2 次印刷
定　　价：49.00 元

产品编号：103168-01

前　　言

根据国家有关的政策性文件，全国计算机技术与软件专业技术资格（水平）考试（以下简称"计算机软件考试"）已经成为计算机软件、计算机网络、计算机应用、信息系统、信息服务领域高级工程师、工程师、助理工程师（技术员）国家职称资格考试。而且，根据信息技术人才年轻化的特点和要求，报考这种资格考试不限学历与资历条件，以不拘一格选拔人才。现在，软件设计师、程序员、网络工程师、数据库系统工程师、系统分析师、系统架构设计师和信息系统项目管理师等资格的考试标准已经实现了中国与日本互认，程序员和软件设计师等资格的考试标准已经实现了中国与韩国互认。

计算机软件考试规模发展很快，年报考规模已超过 100 万人，至今累计报考人数超过 900 万。

计算机软件考试已经成为我国著名的 IT 考试品牌，其证书的含金量之高已得到社会的公认。计算机软件考试的有关信息见网站www.ruankao.org.cn中的资格考试栏目。

对考生来说，学习历年试题分析与解答是理解考试大纲的最有效、最具体的途径之一。

为帮助考生复习备考，计算机技术与软件专业技术资格考试研究部汇集了信息安全工程师 2018 至 2022 年的试题分析与解答，以便于考生测试自己的水平，发现自己的弱点，更有针对性、更系统地学习。

计算机软件考试的试题质量高，包括了职业岗位所需的各个方面的知识和技术，不但包括技术知识，还包括法律法规、标准、专业英语、管理等方面的知识；不但注重广度，而且还有一定的深度；不但要求考生具有扎实的基础知识，还要具有丰富的实践经验。

这些试题中，包含了一些富有创意的试题，一些与实践结合得很好的试题，一些富有启发性的试题，具有较高的社会引用率，对学校教师、培训指导者、研究工作者都是很有帮助的。

由于编者水平有限，时间仓促，书中难免有错误和疏漏之处，诚恳地期望各位专家和读者批评指正，对此，我们将深表感激。

编者

2024 年 4 月

目 录

第 1 章　2018 上半年信息安全工程师上午试题分析与解答 1

第 2 章　2018 上半年信息安全工程师下午试题分析与解答 25

第 3 章　2019 上半年信息安全工程师上午试题分析与解答 35

第 4 章　2019 上半年信息安全工程师下午试题分析与解答 62

第 5 章　2020 下半年信息安全工程师上午试题分析与解答 71

第 6 章　2020 下半年信息安全工程师下午试题分析与解答 96

第 7 章　2021 下半年信息安全工程师上午试题分析与解答 107

第 8 章　2021 下半年信息安全工程师下午试题分析与解答 134

第 9 章　2022 下半年信息安全工程师上午试题分析与解答 147

第 10 章　2022 下半年信息安全工程师下午试题分析与解答 171

第1章 2018上半年信息安全工程师上午试题分析与解答

试题（1）

2016年11月7日，十二届全国人大常委会第二十四次会议以154票赞成、1票弃权，表决通过了《中华人民共和国网络安全法》。该法律由全国人民代表大会常务委员会于2016年11月7日发布，自___(1)___起施行。

(1) A．2017年1月1日　　　　　　B．2017年6月1日
　　 C．2017年7月1日　　　　　　D．2017年10月1日

试题（1）分析

《中华人民共和国网络安全法》已由中华人民共和国第十二届全国人民代表大会常务委员会第二十四次会议于2016年11月7日通过，自2017年6月1日起施行。

参考答案

(1) B

试题（2）

近些年，基于标识的密码技术受到越来越多的关注，标识密码算法的应用也得到了快速发展。我国国密标准中的标识密码算法是___(2)___。

(2) A．SM2　　　　B．SM3　　　　C．SM4　　　　D．SM9

试题（2）分析

本题考查我国商用密码的相关知识。

标识密码将用户的标识（如邮件地址、手机号码、QQ号码等）作为公钥，省略了交换数字证书和公钥过程，使得安全系统变得易于部署和管理，非常适合端对端离线安全通信、云端数据加密、基于属性加密、基于策略加密的各种场合。2008年标识密码算法正式获得国家密码管理局颁发的商密算法型号：SM9（商密九号算法），为我国标识密码技术的应用奠定了坚实的基础。

参考答案

(2) D

试题（3）

《计算机信息系统安全保护等级划分准则》（GB 17859—1999）中规定了计算机系统安全保护能力的五个等级，其中要求对所有主体和客体进行自主和强制访问控制的是___(3)___。

(3) A．用户自主保护级　　　　　　B．系统审计保护级
　　 C．安全标记保护级　　　　　　D．结构化保护级

试题（3）分析

本题考查计算机信息系统安全等级保护相关知识。

GB 17859—1999 标准规定了计算机系统安全保护能力的五个等级：第一级为用户自主保护级；第二级为系统审计保护级；第三级为安全标记保护级；第四级为结构化保护级；第五级为访问验证保护级。

其中，第四级结构化保护级的计算机信息系统可信计算建立于一个明确定义的形式化安全策略模型之上，它要求将第三级系统中的自主和强制访问控制扩展到所有主体与客体。

参考答案

（3）D

试题（4）

密码分析者针对加解密算法的数学基础和某些密码学特性，根据数学方法破译密码的攻击方式称为__(4)__。

(4) A．数学分析攻击　　　　　　　　B．差分分析攻击
　　C．基于物理的攻击　　　　　　　D．穷举攻击

试题（4）分析

本题考查密码分析方法的相关知识。

数学分析攻击是密码分析者针对加解密算法的数学基础和某些密码学特性，通过数学求解的方法来破译密码。

参考答案

（4）A

试题（5）

《中华人民共和国网络安全法》明确了国家落实网络安全工作的职能部门和职责，其中明确规定，由__(5)__负责统筹协调网络安全工作和相关监督管理工作。

(5) A．中央网络安全与信息化小组　　B．国务院
　　C．国家网信部门　　　　　　　　D．国家公安部门

试题（5）分析

本题考查网络安全法相关法条的基础知识。

《中华人民共和国网络安全法》第八条明确规定了网信部门是负责统筹和监督网络安全工作的机构。管理归属网信部门，企业需积极配合。

参考答案

（5）C

试题（6）

一个密码系统如果用 E 表示加密运算，D 表示解密运算，M 表示明文，C 表示密文，则下面描述必然成立的是__(6)__。

(6) A．E(E(M))=C　　　　　　　　　B．D(E(M))=M
　　C．D(E(M))=C　　　　　　　　　D．D(D(M))=M

试题（6）分析

本题考查对称密码系统加密和解密之间的关系。

对消息 M 加密以后再用相同密钥解密就可以恢复消息明文 M。

参考答案

（6）B

试题（7）

S/Key 口令是一种一次性口令生成方案，它可以对抗___(7)___。

（7）A．恶意代码攻击　　　　　　　B．暴力分析攻击

　　　C．重放攻击　　　　　　　　　D．协议分析攻击

试题（7）分析

本题考查一次性口令生成方案的安全性。

S/Key 每次使用时临时生成一个口令，从而可以有效抵御口令的重放攻击。

参考答案

（7）C

试题（8）

面向数据挖掘的隐私保护技术主要解决高层应用中的隐私保护问题，致力于研究如何根据不同数据挖掘操作的特征来实现对隐私的保护。从数据挖掘的角度，不属于隐私保护技术的是___(8)___。

（8）A．基于数据分析的隐私保护技术　　B．基于数据失真的隐私保护技术

　　　C．基于数据匿名化的隐私保护技术　D．基于数据加密的隐私保护技术

试题（8）分析

本题考查隐私保护技术。

利用数据挖掘实现隐私保护技术可以通过数据失真、数据匿名化和数据加密来实现。

参考答案

（8）A

试题（9）

从网络安全的角度看，以下原则中不属于网络安全防护体系在设计和实现时需要遵循的基本原则的是___(9)___。

（9）A．最小权限原则　　　　　　　B．纵深防御原则

　　　C．安全性与代价平衡原则　　　D．Kerckhoffs 原则

试题（9）分析

本题考查网络安全系统设计需要遵循的基本原则。

Kerckhoffs 准则认为，一个安全保护系统的安全性不是建立在它的算法对于对手来说是保密的，而是应该建立在它所选择的密钥对于对手来说是保密的。这显然不是网络安全在防护设计时所包含的内容。

参考答案

（9）D

试题（10）

恶意软件是目前移动智能终端上被不法分子利用最多、对用户造成危害和损失最大的安全威胁类型。数据显示，目前安卓平台恶意软件主要有__(10)__四种类型。

(10) A. 远程控制木马、话费吸取类、隐私窃取类和系统破坏类
   B. 远程控制木马、话费吸取类、系统破坏类和硬件资源消耗类
   C. 远程控制木马、话费吸取类、隐私窃取类和恶意推广
   D. 远程控制木马、话费吸取类、系统破坏类和恶意推广

试题（10）分析

本题考查安卓平台下的恶意软件分类方法。

利用安卓手机移动平台传播恶意软件是目前主流传播途径，涉及的主要类型有远控、吸费、窃取隐私和破坏系统。

参考答案

(10) A

试题（11）

以下关于认证技术的描述中，错误的是__(11)__。

(11) A. 身份认证是用来对信息系统中实体的合法性进行验证的方法
   B. 消息认证能够验证消息的完整性
   C. 数字签名是十六进制的字符串
   D. 指纹识别技术包括验证和识别两个部分

试题（11）分析

本题考查身份认证技术。

数字签名是只有信息的发送者才能产生而别人无法伪造的一段数字串，这段数字串同时也是对信息的发送者所发送信息真实性的一个有效证明。数字签名的本质是消息进行某种计算得到包含用户特定特征的字符串，十六进制只是其中的一种表示形式而已。

参考答案

(11) C

试题（12）

对信息进行均衡、全面的防护，提高整个系统"安全最低点"的安全性能，这种安全原则被称为__(12)__。

(12) A. 最小特权原则   B. 木桶原则
   C. 等级化原则   D. 最小泄露原则

试题（12）分析

本题考查网络安全系统设计原则。

网络信息安全的木桶原则是指对信息均衡、全面地进行保护。木桶的最大容积取决于最短的一块木板。安全机制和安全服务设计的首要目的是防止最常用的攻击手段，根本目的是提高整个系统的"安全最低点"的安全性能。

参考答案

（12）B

试题（13）

网络安全技术可以分为主动防御技术和被动防御技术两大类，以下属于主动防御技术的是　（13）　。

(13) A．蜜罐技术　　　　　　　　　　B．入侵检测技术
　　　C．防火墙技术　　　　　　　　　D．恶意代码扫描技术

试题（13）分析

本题考查主动和被动安全防御技术。

上述安全防御技术中，只有蜜罐技术利用信息欺骗技术，主动获取攻击者的各种攻击信息，学习攻击使用的行为、方法和手段。

参考答案

（13）A

试题（14）

如果未经授权的实体得到了数据的访问权，这属于破坏了信息的　（14）　。

(14) A．可用性　　　　　　　　　　　B．完整性
　　　C．机密性　　　　　　　　　　　D．可控性

试题（14）分析

本题考查网络安全的安全目标。

网络信息安全与保密的目标主要表现在系统的机密性、完整性、真实性、可靠性、可用性、不可抵赖性等方面。机密性是网络信息不被泄露给非授权的用户、实体或过程，或供其利用的特性。

参考答案

（14）C

试题（15）

按照密码系统对明文的处理方法，密码系统可以分为　（15）　。

(15) A．对称密码系统和公钥密码系统　　　B．对称密码系统和非对称密码系统
　　　C．数据加密系统和数字签名系统　　　D．分组密码系统和序列密码系统

试题（15）分析

本题考查密码系统组成的基础知识。

密码系统通常从 3 个独立的方面进行分类：

一是按将明文转化为密文的操作类型分为替换密码和移位密码；

二是按明文的处理方法可分为分组密码（块密码）和序列密码（流密码）；

三是按密钥的使用个数分为对称密码体制和非对称密码体制。

参考答案

（15）D

试题（16）

数字签名是对以数字形式存储的消息进行某种处理，产生一种类似于传统手书签名功效的信息处理过程。实现数字签名最常见的方法是 __(16)__ 。

(16) A．数字证书和 PKI 系统相结合

　　　B．对称密码体制和 MD5 算法相结合

　　　C．公钥密码体制和单向安全 Hash 函数算法相结合

　　　D．公钥密码体制和对称密码体制相结合

试题（16）分析

本题考查数字签名的相关知识。

数字签名就是只有信息的发送者才能产生的别人无法伪造的一段数字串，这段数字串同时也是对信息的发送者发送信息真实性的一个有效证明。数字签名是非对称密钥加密技术与数字摘要技术的应用。

参考答案

（16）C

试题（17）

以下选项中，不属于生物识别方法的是 __(17)__ 。

(17) A．掌纹识别　　　B．个人标记号识别　　　C．人脸识别　　　D．指纹识别

试题（17）分析

本题考查身份认证技术与生物识别技术。

生物识别技术是通过计算机与光学、声学、生物传感器和生物统计学原理等高科技手段密切结合，利用人体固有的生理特性（如指纹、脸、虹膜等）和行为特征（如笔迹、声音、步态等）来进行个人身份的鉴定。

参考答案

（17）B

试题（18）

计算机取证是将计算机调查和分析技术应用于对潜在的、有法律效力的证据的确定与提取。以下关于计算机取证的描述中，错误的是 __(18)__ 。

(18) A．计算机取证包括保护目标计算机系统、确定收集和保存电子证据，必须在开机的状态下进行

　　　B．计算机取证围绕电子证据进行，电子证据具有高科技性、无形性和易破坏性等特点

　　　C．计算机取证包括对以磁介质编码信息方式存储的计算机证据的保护、确认、提取和归档

　　　D．计算机取证是一门在犯罪进行过程中或之后收集证据的技术

试题（18）分析

本题考查计算机犯罪和取证相关的基础知识。

计算机取证可以在离线或者在线状态下完成。

参考答案

（18）A

试题（19）

在缺省安装数据库管理系统 MySQL 后，root 用户拥有所有权限且是空口令。为了安全起见，必须为 root 用户设置口令。以下口令设置方法中，不正确的是__（19）__。

（19）A. 使用 MySQL 自带的命令 mysqladmin 设置 root 口令

B. 使用 set password 设置口令

C. 登录数据库，修改数据库 MySQL 下 user 表的字段内容设置口令

D. 登录数据库，修改数据库 MySQL 下的访问控制列表内容设置口令

试题（19）分析

本题考查口令安全和数据库安全操作。

修改数据库 MySQL 下的访问控制列表是无法完成口令设置的。

参考答案

（19）D

试题（20）

数字水印技术通过在多媒体数据中嵌入隐蔽的水印标记，可以有效实现对数字多媒体数据的版权保护等功能。以下不属于数字水印在数字版权保护中必须满足的基本应用需求的是__（20）__。

（20）A. 保密性　　　　B. 隐蔽性　　　　C. 可见性　　　　D. 完整性

试题（20）分析

本题考查数字水印技术。

数字版权标识水印是目前研究最多的一类数字水印。数字作品既是商品，又是知识作品，这种双重性决定了版权标识水印主要强调隐蔽性、保密性、鲁棒性，而对数据量的要求相对较小。

参考答案

（20）C

试题（21）

__（21）__是一种通过不断对网络服务系统进行干扰，影响其正常的作业流程，使系统响应减慢甚至瘫痪的攻击方式。

（21）A. 暴力攻击　　　B. 拒绝服务攻击　　　C. 重放攻击　　　D. 欺骗攻击

试题（21）分析

本题考查常见的网络攻击方法。

拒绝服务攻击是攻击者想办法让目标机器停止提供服务，是黑客常用的攻击手段之一。对网络带宽进行的消耗性攻击只是拒绝服务攻击的一小部分，只要能够对目标造成麻烦，使某些服务被暂停甚至主机死机，都属于拒绝服务攻击。

参考答案

（21）B

试题（22）

在访问因特网时，为了防止 Web 页面中恶意代码对自己计算机的损害，可以采取的防范措施是___（22）___。

（22）A．将要访问的 Web 站点按其可信度分配到浏览器的不同安全区域
   B．利用 SSL 访问 Web 站点
   C．在浏览器中安装数字证书
   D．利用 IP 安全协议访问 Web 站点

试题（22）分析

本题考查互联网安全使用的常识。

要阻止恶意代码对计算机的破坏，必须限制页面中恶意代码的权限或者禁止其执行，选项中只有 A 有此功能。

参考答案

（22）A

试题（23）

下列说法中，错误的是___（23）___。

（23）A．数据被非授权地增删、修改或破坏都属于破坏数据的完整性
   B．抵赖是一种来自黑客的攻击
   C．非授权访问是指某一资源被某个非授权的人，或以非授权的方式使用
   D．重放攻击是指出于非法目的，将所截获的某次合法的通信数据进行拷贝而重新发送

试题（23）分析

本题考查常规网络攻击和网络安全的基本概念。

抵赖是事后否认某些网络行为，与黑客没有关系。

参考答案

（23）B

试题（24）

Linux 系统的运行日志存储的目录是___（24）___。

（24）A．/var/log B．/usr/log C．/etc/log D．/tmp/log

试题（24）分析

本题考查主机安全和日志安全。

Linux 系统默认配置下，日志文件通常都保存在"/var/log"目录下。

参考答案

（24）A

试题（25）

电子邮件已经成为传播恶意代码的重要途径之一，为了有效防止电子邮件中的恶意代码，应该用___（25）___的方式阅读电子邮件。

（25）A．应用软件 B．纯文本 C．网页 D．在线

试题（25）分析

本题考查电子邮件传播恶意代码的载体。

根据恶意代码的形式和执行方法，通过纯文本方式打开邮件可以防止恶意代码被执行，从而避免中毒。

参考答案

（25）B

试题（26）

已知 DES 算法 S 盒如下：

	0	1	2	3	4	5	6	7	8	9	10	11	12	13	14	15
0	7	13	14	3	0	6	9	10	1	2	8	5	11	12	4	15
1	13	8	11	5	6	15	0	3	4	7	2	12	1	10	14	9
2	10	6	9	0	12	11	7	13	15	1	3	14	5	2	8	4
3	3	15	0	6	10	1	13	8	9	4	5	11	12	7	2	14

如果该 S 盒的输入为 100010，则其二进制输出为 ___（26）___ 。

（26）A．0110　　　　B．1001　　　　C．0100　　　　D．0101

试题（26）分析

本题考查 DES 加密算法的 S 盒替换运算。

根据 S 盒运算规则，第一、六位确定行：10=2，第二、三、四、五确定列：0001=1，从而唯一确定元素 6，再转换成二进制。

参考答案

（26）A

试题（27）

以下关于 TCP 协议的描述，错误的是 ___（27）___ 。

（27）A．TCP 是 Internet 传输层的协议，可以为应用层的不同协议提供服务
　　　B．TCP 是面向连接的协议，提供可靠、全双工的、面向字节流的端到端的服务
　　　C．TCP 使用二次握手来建立连接，具有很好的可靠性
　　　D．TCP 每发送一个报文段，就对这个报文段设置一次计时器

试题（27）分析

本题考查计算机网络协议的基础知识。

TCP 作为可靠的传输协议，在真正开始数据传输之前需要三次握手建立连接，而不是二次握手。

参考答案

（27）C

试题（28）

Kerberos 是一种常用的身份认证协议，它采用的加密算法是 ___（28）___ 。

（28）A．Elgamal　　　B．DES　　　　C．MD5　　　　D．RSA

试题（28）分析

本题考查身份认证协议。

Kerberos 是一种网络认证协议，主要用于计算机网络的身份鉴别。其特点是用户只需要输入一次身份验证信息就可以凭借此验证获得的票据访问多个服务，它采用 DES 加密算法。

参考答案

（28）B

试题（29）

人为的安全威胁包括主动攻击和被动攻击，以下属于被动攻击的是　(29)　。

(29) A．流量分析　　　B．后门　　　C．拒绝服务攻击　　　D．特洛伊木马

试题（29）分析

本题考查主动被动攻击技术。

嗅探或者网络流量分析是通过分析网络数据包从中获取敏感信息，属于被动攻击。

参考答案

（29）A

试题（30）

移动用户有些属性信息需要受到保护，这些信息一旦泄露，会对公众用户的生命财产安全造成威胁。以下各项中，不需要被保护的属性是　(30)　。

(30) A．终端设备信息　　　　　B．用户通话信息
　　　C．用户位置信息　　　　　D．公众运营商信息

试题（30）分析

本题考查数据安全和隐私保护。

从个人隐私保护的角度来说，公众运营商信息是公开的，不属于被保护的信息。

参考答案

（30）D

试题（31）

以下关于数字证书的叙述中，错误的是　(31)　。

(31) A．证书通常携带 CA 的公开密钥
　　　B．证书携带持有者的签名算法标识
　　　C．证书的有效性可以通过验证持有者的签名验证
　　　D．证书通常由 CA 安全认证中心发放

试题（31）分析

本题考查公钥密码系统的数字证书基本概念。

数字证书的格式普遍采用的是 X.509V3 国际标准，一个标准的 X.509 数字证书包含以下一些内容：

- 证书的版本信息；
- 证书的序列号，每个证书都有一个唯一的证书序列号；
- 证书所使用的签名算法；

- 证书的发行机构名称，命名规则一般采用 X.500 格式；
- 证书的有效期，通用的证书一般采用 UTC 时间格式，它的计时范围为 1950—2049；
- 证书所有人的名称，命名规则一般采用 X.500 格式；
- 证书所有人的公开密钥（注意不是 CA 的公开密钥）；
- 证书发行者对证书的签名。

参考答案

（31）A

试题（32）

2017 年 11 月，在德国柏林召开的第 55 次 ISO/IEC 信息安全分技术委员会（SC27）会议上，我国专家组提出的 __(32)__ 算法一致通过成为国际标准。

（32）A．SM2 与 SM3　　　　　　　B．SM3 与 SM4
　　　　C．SM4 与 SM9　　　　　　　D．SM9 与 SM2

试题（32）分析

本题考查国密算法的基础知识。

我国 SM2 与 SM9 数字签名算法的 ISO/IEC14888-3/AMD1《带附录的数字签名第 3 部分：基于离散对数的机制补篇 1》获得一致通过，成为 ISO/IEC 国际标准，进入标准发布阶段。

SM2 和 SM9 数字签名算法是我国 SM2 椭圆曲线密码算法标准和 SM9 标识密码算法标准的重要组成部分，用于实现数字签名、保障身份的真实性、数据的完整性和行为的不可否认性等，是网络空间安全的核心技术和基础支撑。

参考答案

（32）D

试题（33）

典型的水印攻击方式包括鲁棒性攻击、表达攻击、解释攻击和法律攻击。其中，鲁棒性攻击是指在不损害图像使用价值的前提下减弱、移去或破坏水印的一类攻击方式。以下不属于鲁棒性攻击的是 __(33)__ 。

（33）A．像素值失真攻击　　　　　B．敏感性分析攻击
　　　　C．置乱攻击　　　　　　　　D．梯度下降攻击

试题（33）分析

本题考查数字水印安全。

置乱攻击将严重损害图像使用价值。

参考答案

（33）C

试题（34）

数字信封技术能够 __(34)__ 。

（34）A．隐藏发送者的真实身份　　　B．保证数据在传输过程中的安全性
　　　　C．对发送者和接收者的身份进行认证　　D．防止交易中的抵赖发生

试题（34）分析

本题考查数字信封技术。

数字信封技术是用密码技术的手段保证只有规定的信息接受者才能获取信息的安全技术。

参考答案

（34）B

试题（35）

在 DES 加密算法中，子密钥的长度和加密分组的长度分别是 ___(35)___ 。

(35) A．56 位和 64 位　　　　　　B．48 位和 64 位
　　　C．48 位和 56 位　　　　　　D．64 位和 64 位

试题（35）分析

本题考查 DES 加密算法。

DES 加密算法的密钥长度为 56 位，子密钥为 48 位，分组长度为 64 位。

参考答案

（35）B

试题（36）

甲不但怀疑乙发给他的信息遭人篡改，而且怀疑乙的公钥也是被人冒充的。为了消除甲的疑虑，甲和乙需要找一个双方都信任的第三方来签发数字证书，这个第三方是 ___(36)___ 。

(36) A．注册中心 RA　　　　　　B．国家信息安全测评认证中心
　　　C．认证中心 CA　　　　　　D．国际电信联盟 ITU

试题（36）分析

本题考查证书机构和数字证书。

CA 中心又称为 CA 机构，即证书授权中心（Certificate Authority），或称为证书授权机构，作为电子商务交易中受信任的第三方，承担公钥体系中公钥的合法性检验的责任。

参考答案

（36）C

试题（37）

WiFi 网络安全接入是一种保护无线网络安全的系统，WPA 加密的认证方式不包括 ___(37)___ 。

(37) A．WPA 和 WPA2　　　　　　B．WEP
　　　C．WPA-PSK　　　　　　　D．WPA2-PSK

试题（37）分析

本题考查无线安全中的加密算法。

WEP 加密算法存在严重安全漏洞，在 WPA 加密的认证方式中已经废弃。

参考答案

（37）B

试题（38）

特洛伊木马攻击的威胁类型属于 __(38)__ 。

(38) A．旁路控制威胁　　　　　　　B．网络欺骗
　　 C．植入威胁　　　　　　　　　D．授权侵犯威胁

试题（38）分析

本题考查恶意代码安全威胁。

恶意代码需要找到一种植入的方法以传播自己和感染其他系统。

参考答案

(38) C

试题（39）

信息通过网络进行传输的过程中，存在着被篡改的风险，为了解决这一安全隐患，通常采用的安全防护技术是 __(39)__ 。

(39) A．信息隐藏技术　　　　　　　B．数据加密技术
　　 C．消息认证技术　　　　　　　D．数据备份技术

试题（39）分析

本题考查安全目标相关的网络安全技术。

消息认证通过采用哈希算法实现数据的完整性。

参考答案

(39) C

试题（40）

SSL 协议是对称密码技术和公钥密码技术相结合的协议，该协议不能提供的安全服务是 __(40)__ 。

(40) A．可用性　　　B．完整性　　　C．保密性　　　D．可认证性

试题（40）分析

本题考查安全套接层协议的基础知识。

SSL 协议在传统的传输层协议基础上增加安全功能，但可用性不是其设计目标。

参考答案

(40) A

试题（41）

计算机病毒是指一种能够通过自身复制传染，起破坏作用的计算机程序。目前使用的防杀病毒软件的主要作用是 __(41)__ 。

(41) A．检查计算机是否感染病毒，清除已感染的任何病毒
　　 B．杜绝病毒对计算机的侵害
　　 C．查出已感染的任何病毒，清除部分已感染病毒
　　 D．检查计算机是否感染病毒，清除部分已感染病毒

试题（41）分析

本题考查病毒的查杀基本概念。

杀毒软件对于部分新型未知的病毒是无法查杀的。

参考答案

（41）D

试题（42）

IP 地址分为全球地址和专用地址，以下属于专用地址的是 __(42)__ 。

（42）A．192.172.1.2　　B．10.1.2.3　　C．168.1.2.3　　D．172.168.1.2

试题（42）分析

本题考查 IP 地址，各类私有地址如下。

A 类：10.0.0.0～10.255.255.255；

B 类：172.16.0.0～172.31.255.255；

C 类：192.168.0.0～192.168.255.255。

参考答案

（42）B

试题（43）

信息安全风险评估是依照科学的风险管理程序和方法，充分地对组成系统的各部分所面临的危险因素进行分析评价。针对系统存在的安全问题，根据系统对其自身的安全需求，提出有效的安全措施，达到最大限度减少风险、降低危害和确保系统安全运行的目的。风险评估的过程包括 __(43)__ 四个阶段。

（43）A．风险评估准备、漏洞检测、风险计算和风险等级评价
　　　B．资产识别、漏洞检测、风险计算和风险等级评价
　　　C．风险评估准备、风险因素识别、风险程度分析和风险等级评价
　　　D．资产识别、风险因素识别、风险程度分析和风险等级评价

试题（43）分析

本题考查风险评估的基本概念。

风险评估是组织确定信息安全需求的过程，包括风险评估准备、风险因素识别、风险程度分析和风险等级评价。

参考答案

（43）C

试题（44）

深度流检测技术是一种主要通过判断网络流是否异常来进行安全防护的网络安全技术，深度流检测系统通常不包括 __(44)__ 。

（44）A．流特征提取单元　　　　　　　B．流特征选择单元
　　　C．分类器　　　　　　　　　　　D．响应单元

试题（44）分析

本题考查深度流检测技术。

深度流检测技术深入分析不同类型的网络分组中的字段信息和关联分组，实现异常行为检测，但对检测到的恶意行为不提供响应能力。

参考答案

（44）D

试题（45）

操作系统的安全审计是指对系统中有关安全的活动进行记录、检查和审核的过程。为了完成审计功能，审计系统需要包括__(45)__三大功能模块。

(45) A．审计数据挖掘、审计事件记录及查询、审计事件分析及响应报警

B．审计事件特征提取、审计事件特征匹配、安全响应报警

C．审计事件收集及过滤、审计事件记录及查询、审计事件分析及响应报警系统

D．日志采集与挖掘、安全事件记录及查询、安全响应报警

试题（45）分析

本题考查操作系统安全审计功能。

操作系统为了完成审计功能需要收集、记录审计事件，并提供查询过滤分析等相关功能模块。

参考答案

（45）C

试题（46）

计算机犯罪是指利用信息科学技术且以计算机为犯罪对象的犯罪行为，与其他类型的犯罪相比，具有明显的特征，下列说法中错误的是__(46)__。

(46) A．计算机犯罪具有高智能性，罪犯可能掌握一些高科技手段

B．计算机犯罪具有破坏性

C．计算机犯罪没有犯罪现场

D．计算机犯罪具有隐蔽性

试题（46）分析

本题考查网络犯罪和取证分析。

计算机犯罪的犯罪现场就是计算机所在的系统。

参考答案

（46）C

试题（47）

攻击者通过对目标主机进行端口扫描，可以直接获得__(47)__。

(47) A．目标主机的操作系统信息　　B．目标主机开放端口服务信息

C．目标主机的登录口令　　　　　D．目标主机的硬件设备信息

试题（47）分析

本题考查信息获取和扫描技术。

题目考查的端口扫描，直接能获得的信息只能是端口开放服务信息，其他信息都需要进一步分析协议栈实现或者破解才能获得。

参考答案

（47）B

试题（48）

WPKI（无线公开密钥体系）是基于无线网络环境的一套遵循既定标准的密钥及证书管理平台，该平台采用的加密算法是 (48) 。

(48) A．SM4 　　　　　　　　　　　B．优化的 RSA 加密算法
　　　C．SM9 　　　　　　　　　　　D．优化的椭圆曲线加密算法

试题（48）分析

本题考查无线网络安全。

WPKI 并不是一个全新的 PKI 标准，它是传统的 PKI 技术应用于无线环境的优化扩展。它采用了优化的 ECC 椭圆曲线加密和压缩的 X.509 数字证书。

参考答案

(48) D

试题（49）

文件型病毒不能感染的文件类型是 (49) 。

(49) A．SYS 型　　　B．EXE 类型　　　C．COM 型　　　D．HTML 型

试题（49）分析

本题考查恶意代码的基本概念。

文件型病毒通常感染可执行文件或者 pdf 以及 doc 等文档文件。由于 html 文件无法嵌入二进制执行代码，且是文本格式，不易隐藏代码，所以无法感染。

参考答案

(49) D

试题（50）

网络系统中针对海量数据的加密，通常不采用 (50) 方式。

(50) A．会话加密　　　B．公钥加密　　　C．链路加密　　　D．端对端加密

试题（50）分析

本题考查加密机制的基础知识。

由于公钥加密需要较大的计算量，通常不采用公钥加密方式。

参考答案

(50) B

试题（51）

对无线网络的攻击可以分为：对无线接口的攻击、对无线设备的攻击和对无线网络的攻击。以下属于对无线设备攻击的是 (51) 。

(51) A．窃听　　　B．重放　　　C．克隆　　　D．欺诈

试题（51）分析

本题考查无线网络安全。

克隆网络中的 AP 使得用户每天所连接的那个看似安全的无线 AP，就是被克隆伪装的恶意 AP。

参考答案
（51）C

试题（52）
无线局域网鉴别和保密体系 WAPI 是我国无线局域网安全强制性标准，以下关于 WAPI 的描述，正确的是__(52)__。

（52）A．WAPI 从应用模式上分为单点式、分布式和集中式
　　　 B．WAPI 与 Wi-Fi 认证方式类似，均采用单向加密的认证技术
　　　 C．WAPI 包括两部分：WAI 和 WPI，其中 WAI 采用对称密码算法实现加、解密操作
　　　 D．WAPI 的密钥管理方式包括基于证书和基于预共享秘密两种方式

试题（52）分析
本题考查无线局域网安全标准。
WAPI 鉴别及密钥管理的方式有两种，即基于证书和基于预共享密钥 PSK。若采用基于证书的方式，整个过程包括证书鉴别、单播密钥协商与组播密钥通告；若采用预共享密钥的方式，整个过程则为单播密钥协商与组播密钥通告。WAPI 采用双向鉴别机制。

参考答案
（52）D

试题（53）
分组密码常用的工作模式包括：电码本模式（ECB 模式）、密码反馈模式（CFB 模式）、密码分组链接模式（CBC 模式）、输出反馈模式（OFB 模式）。下图描述的是__(53)__模式（图中 P_i 表示明文分组，C_i 表示密文分组）。

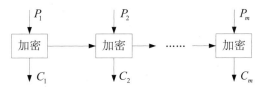

（53）A．ECB　　　　B．CFB　　　　C．CBC　　　　D．OFB

试题（53）分析
本题考查分组密码的操作模式。
根据图示，每个明文分组的加密都是互相独立的，因此其加密模式属于 ECB 模式。

参考答案
（53）A

试题（54）
关于祖冲之算法的安全性分析不正确的是__(54)__。

（54）A．祖冲之算法输出序列的随机性好，周期足够大
　　　 B．祖冲之算法的输出具有良好的线性、混淆特性和扩散特性
　　　 C．祖冲之算法可以抵抗已知的序列密码分析方法

D. 祖冲之算法可以抵抗弱密钥分析

试题（54）分析

本题考查祖冲之加密算法。

祖冲之算法集是由我国学者自主设计的加密和完整性算法，是一种流密码。算法由3个基本部分组成，依次为比特重组、非线性函数F、线性反馈移位寄存器（LFSR）。

参考答案

（54）B

试题（55）

以下关于 IPSec 协议的叙述中，正确的是 __（55）__ 。

（55）A. IPSec 协议是 IP 协议安全问题的一种解决方案
　　　B. IPSec 协议不提供机密性保护机制
　　　C. IPSec 协议不提供认证功能
　　　D. IPSec 协议不提供完整性验证机制

试题（55）分析

本题考查 VPN 的基础知识。

VPN 作为 IP 协议安全问题的解决方案，提供了机密性、认证和完整性功能。

参考答案

（55）A

试题（56）

不属于物理安全威胁的是 __（56）__ 。

（56）A. 电源故障　　B. 物理攻击　　C. 自然灾害　　D. 字典攻击

试题（56）分析

本题考查网络安全威胁。

字典攻击属于网络服务的暴力破解，不属于物理安全威胁。

参考答案

（56）D

试题（57）

以下关于网络钓鱼的说法中，不正确的是 __（57）__ 。

（57）A. 网络钓鱼属于社会工程攻击
　　　B. 网络钓鱼与 Web 服务没有关系
　　　C. 典型的网络钓鱼攻击是将被攻击者引诱到一个钓鱼网站
　　　D. 网络钓鱼融合了伪装、欺骗等多种攻击方式

试题（57）分析

本题考查网络钓鱼安全风险。

通过邮件和 Web 恶意链接是两种常见的钓鱼方式，因此和 Web 服务有直接关系。

参考答案

（57）B

试题（58）

Bell-LaPadual 模型（简称 BLP 模型）是最早的一种安全模型，也是最著名的多级安全策略模型，BLP 模型的简单安全特性是指__(58)__。

(58) A．不可上读　　B．不可上写　　C．不可下读　　D．不可下写

试题（58）分析

本题考查网络安全模型。

BLP 保密模型基于两种规则来保障数据的保密性与敏感度：（简单安全特性）上读（NRU），主体不可读安全级别高于它的数据；（星属性安全特性）下写（NWD），主体不可写安全级别低于它的数据。

参考答案

（58）A

试题（59）

安全电子交易协议 SET 是由 VISA 和 MasterCard 两大信用卡组织联合开发的电子商务安全协议。以下关于 SET 的叙述中，正确的是__(59)__。

(59) A．SET 通过向电子商务各参与方发放验证码来确认各方的身份，保证网上支付的安全性
　　B．SET 不需要可信第三方认证中心的参与
　　C．SET 要实现的主要目标包括保障付款安全、确定应用的互通性和达到全球市场的可接受性
　　D．SET 协议主要使用的技术包括：流密码、公钥密码和数字签名等

试题（59）分析

本题考查安全电子交易协议的基本概念。

安全电子交易协议 SET 是一种应用于因特网环境下，以信用卡为基础的安全电子交付协议，它给出了一套电子交易的过程规范。通过 SET 协议可以实现电子商务交易中的加密、认证、密钥管理机制等，保证了在因特网上使用信用卡进行在线购物的安全。

参考答案

（59）C

试题（60）

在 PKI 中，关于 RA 的功能，描述正确的是__(60)__。

(60) A．RA 是整个 PKI 体系中各方都承认的一个值得信赖的、公正的第三方机构
　　B．RA 负责产生、分配并管理 PKI 结构下的所有用户的数字证书，把用户的公钥和用户的其他信息捆绑在一起，在网上验证用户的身份
　　C．RA 负责证书废止列表 CRL 的登记和发布
　　D．RA 负责证书申请者的信息录入、审核以及证书的发放等任务，同时，对发放的证书完成相应的管理功能

试题（60）分析

本题考查 CA 机构和组成。

数字证书注册中心也称为 RA（Registration Authority），是数字证书认证中心的证书发放、管理的延伸。主要负责证书申请者的信息录入、审核以及证书发放等工作，同时，对发放的证书完成相应的管理功能。

参考答案

（60）D

试题（61）

以下关于 VPN 的叙述中，正确的是 __(61)__ 。

（61）A．VPN 通过加密数据保证通过公网传输的信息即使被他人截获也不会泄露
　　　B．VPN 指用户自己租用线路，和公共网络物理上完全隔离的、安全的线路
　　　C．VPN 不能同时实现对消息的认证和对身份的认证
　　　D．VPN 通过身份认证实现安全目标，不具备数据加密功能

试题（61）分析

本题考查 VPN 的基本概念。

VPN 是虚拟专用网，所谓虚拟指的是公用公网网络线路，并提供了加密、认证和完整性等安全能力，可以有效降低在公共网络上传输数据的风险，即使信息被截获也不会泄密。

参考答案

（61）A

试题（62）

对于定义在 $GF(p)$ 上的椭圆曲线，取素数 $p=11$，椭圆曲线 $y^2 = x^3 + x + 6 \bmod 11$，则以下是椭圆曲线模 11 平方剩余的是 __(62)__ 。

（62）A．$x=1$　　　　B．$x=3$　　　　C．$x=6$　　　　D．$x=9$

试题（62）分析

本题考查椭圆曲线密码。

参考答案

（62）B

试题（63）

当防火墙在网络层实现信息过滤与控制时，主要针对 TCP/IP 协议中的 IP 数据包头制定规则匹配条件并实施过滤，该规则的匹配条件不包括 __(63)__ 。

（63）A．IP 源地址　　　B．源端口　　　C．IP 目的地址　　　D．协议

试题（63）分析

本题考查防火墙。

基于网络层的分组信息无法包括传输层的源端口信息。

参考答案

（63）B

试题（64）

以下关于网络流量监控的叙述中，不正确的是 __(64)__ 。

（64）A．网络流量监控分析的基础是协议行为解析技术

B. 数据采集探针是专门用于获取网络链路流量数据的硬件设备
C. 流量监控能够有效实现对敏感数据的过滤
D. 流量监测中所监测的流量通常采集自主机节点、服务器、路由器接口、链路和路径等

试题（64）分析

本题考查网络流量监控。

网络流量监控工作在网络层、传输层，通常无法对数据进行过滤。

参考答案

（64）C

试题（65）

设在 RSA 的公钥密码体制中，公钥为(e,n) = (7,55)，则私钥 d = ___（65）___。

（65）A. 11　　　　B. 15　　　　C. 17　　　　D. 23

试题（65）分析

本题考查 RSA 公钥算法。

计算 ed 模 40=1。

参考答案

（65）D

试题（66）

下列关于公钥密码体制说法不正确的是 ___（66）___。

（66）A. 在一个公钥密码体制中，一般存在公钥和私钥两个密钥
　　　B. 公钥密码体制中仅根据密码算法和加密密钥来确定解密密钥在计算上是可行的
　　　C. 公钥密码体制中仅根据密码算法和加密密钥来确定解密密钥在计算上是不可行的
　　　D. 公钥密码体制中的私钥可以用来进行数字签名

试题（66）分析

本题考查公钥密码算法。

公钥密码体制中仅根据密码算法和加密密钥来确定解密密钥在计算上是不可行的。

参考答案

（66）B

试题（67）

SM3 密码杂凑算法的消息分组长度为 ___（67）___ 比特。

（67）A. 64　　　　B. 128　　　　C. 512　　　　D. 1024

试题（67）分析

本题考查 SM3 算法。

SM3 密码杂凑算法采用 Merkle-Damgard 结构，消息分组长度为 512 b，摘要长度为 256 b。

参考答案

（67）C

试题（68）

如果破译加密算法所需要的计算能力和计算时间是现实条件所不具备的，那么就认为相应的密码体制是 (68) 的。

(68) A．实际安全　　B．可证明安全　　C．无条件安全　　D．绝对安全

试题（68）分析

本题考查密码安全。

如果破解密码算法所需的代价或者时间超过一定限度，表示密码实际是安全的。

参考答案

(68) A

试题（69）

$a=17$，$b=2$，则满足 a 与 b 取模同余的是 (69) 。

(69) A．4　　　　B．5　　　　C．6　　　　D．7

试题（69）分析

本题考查数学基础知识。

需要是 5 的倍数。

参考答案

(69) B

试题（70）

利用公开密钥算法进行数据加密时，采用的方式是 (70) 。

(70) A．发送方用公开密钥加密，接收方用公开密钥解密
　　　B．发送方用私有密钥加密，接收方用私有密钥解密
　　　C．发送方用公开密钥加密，接收方用私有密钥解密
　　　D．发送方用私有密钥加密，接收方用公开密钥解密

试题（70）分析

本题考查公钥加密算法应用。

公钥和私钥是一对，可以互为加解密密钥。

参考答案

(70) C

试题（71）～（75）

Trust is typically interpreted as a subjective belief in the reliability, honesty and security of an entity on which we depend (71) our welfare. In online environments we depend on a wide spectrum of things, ranging from computer hardware, software and data to people and organizations. A security solution always assumes certain entities function according to specific policies. To trust is precisely to make this sort of assumptions, hence, a trusted entity is the same as an entity that is assumed to function according to policy. A consequence of this is that a trusted component of a system must work correctly in order for the security of that system to hold, meaning that when a trusted (72) fails, then the systems and applications that depend on it can (73) be considered secure. An often cited articulation of this principle is: 'a trusted system or component is one that can break your security policy' (which happens when the trusted system fails). The same applies to a trusted party such as a service provider (SP for short), that is, it must operate according to the agreed or assumed policy in order to ensure the expected level of security and quality of services. A paradoxical conclusion to be drawn from this analysis is that security assurance may decrease when increasing the number of trusted components and parties that a service infrastructure depends on. This is because the security of an infrastructure consisting of many trusted components typically follows the principle of the weakest link, that is, in many situations the overall security can only be as strong as the least reliable or least secure of all the trusted components. We cannot avoid using trusted security components, but the fewer the better. This is important to understand when designing the identity management architectures, that is, fewer the trusted parties in an identity management model, stronger the security that can be achieved by it.

The transfer of the social constructs of identity and trust into digital and computational concepts helps in designing and implementing large scale online markets and communities, and also plays an important role in the converging mobile and Internet environments. Identity management (denoted IdM hereafter) is about recognizing and verifying the correctness of identities in online environments. Trust management becomes a component of (74) whenever different parties rely on each other for identity provision and authentication. IdM and trust management therefore depend on each other in complex ways because the correctness of the identity itself must be trusted for the quality and reliability of the corresponding entity to be trusteD. IdM is also an essential concept when defining authorisation policies in personalised services.

Establishing trust always has a cost, so that having complex trust requirements typically leads to high overhead in establishing the required trust. To reduce costs there will be incentives for stakeholders to 'cut corners' regarding trust requirements, which could lead to inadequate security. The challenge is to design IdM systems with relatively simple trust requirements. Cryptographic mechanisms are often a core component of IdM solutions, for example, for entity and data authentication. With cryptography, it is often possible to propagate trust from where it initially exists to where it is needed. The establishment of initial (75) usually takes place in the physical world, and the subsequent propagation of trust happens online, often in an automated manner.

(71) A. with   B. on   C. of   D. for
(72) A. entity   B. person   C. component   D. thing
(73) A. no longer   B. never   C. always   D. often
(74) A. SP   B. IdM   C. Internet   D. entity
(75) A. trust   B. cost   C. IdM   D. solution

参考译文

　　信任通常被解释为是对我们赖以生存的实体的可靠性、诚实性和安全性的一种主观信念。在在线环境中，我们依赖于各种各样的东西，从计算机硬件、软件和数据到人员和组织。安全解决方案总是根据特定的策略假定某些实体的功能。信任就是做出这种假设，因此，受信任的实体与根据策略假定起作用的实体是相同的。这样做的结果，就是系统的受信任组件必须正确工作，以保持该系统的安全性，这意味着当受信任组件发生故障时，依赖它的系统和应用程序将不再被视为安全的。该原则的一个经常被引用的表述是："可信系统或组件是可以破坏您的安全策略的系统或组件"（当可信系统失败时会发生这种情况）。这同样适用于受信任方，如服务提供商（简称 SP）。也就是说，为了确保预期的安全性和服务质量，它必须按照商定或假定的政策进行操作。从该分析中得出的一个矛盾结论是，当增加服务基础设施所依赖的受信任组件和参与方的数量时，安全保证可能会减少。这是因为由许多受信任组件组成的基础结构的安全性通常遵循最弱链接的原则，也就是说，在许多情况下，整体安全性只能与所有受信任组件中最不可靠或最不安全的部分一样强。我们不能避免使用可信的安全组件，但越少越好。在设计身份管理架构时，这一点很重要，也就是说，在身份管理模型中，受信任方越少，所能实现的安全性就越强。

　　将身份和信任的社会结构转化为数字和计算概念有助于设计和实施大规模在线市场和社区，并在融合移动和互联网环境中发挥重要作用。身份管理（以下简称 IDM）是关于识别和验证在线环境中身份的正确性。当不同的当事方在身份提供和认证方面相互依赖时，信任管理就成为 IDM 的一个组成部分。因此，IDM 和信任管理以复杂的方式相互依赖，因为要信任相应实体的质量和可靠性，必须信任标识本身的正确性。在定义个性化服务中的授权策略时，IDM 也是一个基本概念。

　　建立信任总是有成本的，因此拥有复杂的信任需求通常会导致建立所需信任的高开销。为了降低成本，将鼓励利益相关者在信任要求方面"抄近路"，这可能导致安全性不足。挑战在于设计具有相对简单信任要求的 IDM 系统。加密机制通常是 IDM 解决方案的核心组件，例如，用于实体和数据身份验证。使用密码学，通常可以将信任从最初存在的地方传播到需要信任的地方。初始信任的建立通常发生在物理世界中，随后的信任传播通常以自动化的方式在线进行。

参考答案

　　（71）D　（72）C　（73）A　（74）B　（75）A

第2章 2018上半年信息安全工程师下午试题分析与解答

试题一（共15分）
阅读下列说明，回答问题1至问题4，将解答填入答题纸的对应栏内。
【说明】
恶意代码是指为达到恶意目的而专门设计的程序或者代码。常见的恶意代码类型有：特洛伊木马、蠕虫、病毒、后门、Rootkit、僵尸程序、广告软件。

2017年5月，勒索软件WannaCry席卷全球，国内大量高校及企事业单位的计算机被攻击，文件及数据被加密后无法使用，系统或服务无法正常运行，损失巨大。

【问题1】（2分）
按照恶意代码的分类，此次爆发的恶意软件属于哪种类型？

【问题2】（2分）
此次勒索软件针对的攻击目标是Windows还是Linux类系统？

【问题3】（6分）
恶意代码具有的共同特征是什么？

【问题4】（5分）
由于此次勒索软件需要利用系统的SMB服务漏洞（端口号445）进行传播，我们可以配置防火墙过滤规则来阻止勒索软件的攻击，请填写表1-1中的空（1）～（5），使该过滤规则完整。

表1-1 防火墙过滤规则表

规则号	源地址	目的地址	源端口	目的端口	协议	ACK	动作
1	（1）	1.2.3.4	（2）	（3）	（4）	（5）	拒绝
…	…	…	…	…	…	…	…
…	*	*	*	*	*	*	拒绝

注：假设本机IP地址为：1.2.3.4，"*"表示通配符。

试题一分析
本题综合了恶意代码的基本知识以及如何同防火墙联动阻止恶意代码的攻击行为，考查考生对恶意代码基本概念的理解程度以及防火墙过滤规则的设置能力。

【问题1】
病毒、蠕虫和特洛伊木马是可导致用户计算机和计算机上的信息损坏的恶意程序。
病毒的明确定义是"编制或者在计算机程序中插入的破坏计算机功能或者破坏数据，影响计算机使用并且能够自我复制的一组计算机指令或者程序代码"。病毒必须满足两个条件。

（1）它必须能自行执行。它通常将自己的代码置于另一个程序的执行路径中。

（2）它必须能自我复制。例如，它可能用受病毒感染的文件副本替换其他可执行文件。病毒既可以感染桌面计算机，也可以感染网络服务器。

蠕虫是一种通过网络传播的恶性病毒，它具有病毒的一些共性，如传播性、隐蔽性、破坏性等等，同时具有自己的一些特征，如不利用文件寄生（有的只存在于内存中），对网络造成拒绝服务，以及和黑客技术相结合，等等。

木马是指那些表面上是有用的软件、实际目的却是危害计算机安全并导致严重破坏的计算机程序。它是具有欺骗性的文件（宣称是良性的，但事实上是恶意的），是一种基于远程控制的黑客工具，具有隐蔽性和非授权性的特点。

此次勒索软件是通过系统漏洞实现网络的自动传播，并完成其各种恶意功能。

【问题 2】

该勒索软件利用的 Windows 系统的安全漏洞，因此其攻击目标也是 Windows 类系统。

【问题 3】

总地来说，恶意代码首先就是具有恶意目的，不管是造成网络瘫痪还是窃取个人隐私目的是恶意的；其次这些恶意代码通常都是完整的计算机程序，可以实现自我传播或者感染其他程序；最后恶意代码需要被执行才能发挥其恶意的功能，恶意代码如果没有执行的可能，就无法达到其恶意目的。

【问题 4】

针对该勒索软件的攻击和传播特点，需要对 SMB 服务所在的 445 端口进行过滤，只要网外对网内 445 端口的所有连接请求予以过滤。需要注意的是 SMB 服务是基于 TCP 协议的。

参考答案

【问题 1】

蠕虫。

【问题 2】

Windows。

【问题 3】

具有恶意的目的；自身是计算机程序；通过执行发生作用。

【问题 4】

（1）*.*.*.*

（2）*

（3）445

（4）TCP

（5）*

试题二（共 15 分）

阅读下列说明和图，回答问题 1 至问题 3，将解答填入答题纸的对应栏内。

【说明】

密码学的基本目标是在有攻击者存在的环境下,保证通信双方(A 和 B)之间能够使用不安全的通信信道实现安全通信。密码技术能够实现信息的保密性、完整性、可用性和不可否认性等安全目标。一种实用的保密通信模型往往涉及对称加密、公钥密码、Hash 函数、数字签名等多种密码技术。

在以下描述中,M 表示消息,H 表示 Hash 函数,E 表示加密算法,D 表示解密算法,K 表示密钥,SK_A 表示 A 的私钥,PK_A 表示 A 的公钥,SK_B 表示 B 的私钥,PK_B 表示 B 的公钥,|| 表示连接操作。

【问题 1】(6 分)

用户 AB 双方采用的保密通信的基本过程如图 2-1 所示。

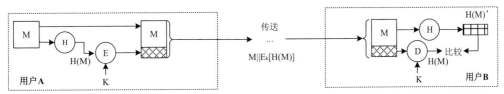

图 2-1 保密通信模型一

请问图 2-1 所设计的保密通信模型能实现信息的哪些安全目标?图 2-1 中的用户 A 侧的 H 和 E 能否互换计算顺序?如果不能互换请说明原因,如果能互换请说明对安全目标的影响。

【问题 2】(4 分)

图 2-2 给出了另一种保密通信的基本过程。

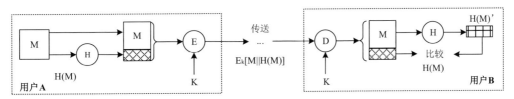

图 2-2 保密通信模型二

请问图 2-2 设计的保密通信模型能实现信息安全的哪些特性?

【问题 3】(5 分)

为了在传输过程中能够保障信息的保密性、完整性和不可否认性,设计了一个安全通信模型结构如图 2-3 所示。

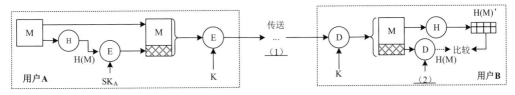

图 2-3 保密通信模型三

请问图 2-3 中 __(1)__ 、 __(2)__ 分别应该填什么内容？

试题二分析

本题主要考查保密通信所涉及的关键技术，信息安全所涉及哈希、加解密、安全通信等之间的关系以及在实际安全通信中的应用。

【问题 1】

在保密通信模型一当中，首先消息 M 是没有加密的，关键是对消息 M 计算哈希值然后对哈希进行了加密，因此重点实现的是对消息 M 的完整性目标。由此可知，先计算哈希值还是先对 M 加密后再计算哈希值，都不会影响该安全目标。

【问题 2】

模型二相对模型一的最大区别就是，消息 M 被加密了，因此在模型一的基础上，增加了保密性的目标。

【问题 3】

本问题综合考查各种安全目标的实现技术。在此模型下，增加了不可否认的目标实现。此时需要发送者用私钥签名，接收端用公钥验证签名。

对于空（1），要求考生清楚整个签名过程的细节和各个要素的作用，而空（2）只要用对应的公钥去解密哈希值即可。

参考答案

【问题 1】

完整性；可以互换；不影响完整性安全目标。

【问题 2】

保密性和完整性。

【问题 3】

（1） $E_K[M \| E_{SK_A}[H(M)]]$

（2） PK_A

试题三（共 15 分）

阅读下列说明，回答问题 1 至问题 3，将解答填入答题纸的对应栏内。

【说明】

在 Linux 系统中，用户账号是用户的身份标志，它由用户名和用户口令组成。

【问题 1】（4 分）

Linux 系统将用户名和口令分别保存在哪些文件中？

【问题 2】（7 分）

Linux 系统的用户名文件通常包含如下形式的内容：

```
root:x:0:0:root:/root:/bin/bash
bin:x:1:1:bin:/bin:/sbin/nologin
hujw:x:500:500:hujianwei:/home/hujw:/bin/bash
```

文件中的一行记录对应着一个用户,每行记录又用冒号(:)分隔为 7 个字段,请问第一个冒号(第二列)和第二个冒号(第三列)的含义是什么?

上述用户名文件中,第三列的数字分别代表什么含义?

【问题 3】(4 分)

Linux 系统中用户名文件和口令字文件的默认访问权限分别是什么?

试题三分析

本题考查 Linux 系统安全相关问题,主要是对 Linux 系统中用户和口令的安全管理以及文件的访问权限等知识点进行考察。

【问题 1】

Linux 系统中用户和口令是分开保存的。用户名信息主要保存在/etc/passwd 文件中,而口令信息这是通过哈希加盐处理后保存在/etc/shadow 的影子文件中。

【问题 2】

题目给出的是/etc/passwd 文件中的部分内容,每一行代表一个用户及其信息,每行格式及用冒号分隔的字段含义是:

用户名:口令: 用户标识号:组标识号:注释性描述:主目录:登录 Shell。

其中,口令都是用 x 表示,单独在口令字文件中保存。第三列表示的用户的组别信息。

【问题 3】

通常情况下,用户名文件是系统中所有用户可读的,但只有 root 有修改权限。采用标准的 Linux 系统访问控制来描述就是 rwxr--r--,用数字表示就是 744。而口令字文件只有 root 用户有权读写,其他用户是没有任何权限的,因此其访问权限模式是:400 或者 600。

参考答案

【问题 1】

　　/etc/passwd　　/etc/shadow

【问题 2】

　　用户名:口令: 用户标识号:组标识号:注释性描述:主目录:登录 Shell。

　　超级用户(0),系统管理账号(1-99),普通账号(500)。

【问题 3】

　　数字形式:744(2 分),400(600)

　　或

　　文字形式:用户名文件全局可读(2 分),口令字文件只有超级用户可读(写)。

试题四(共 15 分)

阅读下列说明和 C 语言代码,回答问题 1 至问题 4,将解答写在答题纸的对应栏内。

【说明】

在客户服务器通信模型中,客户端需要每隔一定时间向服务器发送数据包,以确定服务器是否掉线,服务器也能以此判断客户端是否存活。这种每隔固定时间发一次的数据包也称为心跳包。心跳包的内容没有什么特别的规定,一般都是很小的包。

某系统采用的请求和应答两种类型的心跳包格式如图 4-1 所示。

图 4-1 协议包格式

心跳包类型占 1 个字节，主要是请求和响应两种类型；心跳包数据长度字段占 2 个字节，表示后续数据或者负载的长度。

接收端收到该心跳包后的处理函数是 process_heartbeat()，其中参数 p 指向心跳包的报文数据，s 是对应客户端的 socket 网络通信套接字。

```
void process_heartbeat(unsigned char *p, SOCKET s)
{
    unsigned short hbtype;
    unsigned int payload;
    hbtype=*p++;              //心跳包类型
    n2s(p, payload);          //心跳包数据长度
    pl=p;                     //pl 指向心跳包数据
    if (hbtype==HB_REQUEST) {
        unsigned char *buffer, *bp;
        buffer=malloc(1+2+payload);
        bp=buffer;            //bp 指向刚分配的内存
        *bp++=HB_RESPONSE;    //填充 1 byte 的心跳包类型
        s2n(payload, bp);     //填充 2 bytes 的数据长度
        memcpy(bp, pl, payload);
        /* 将构造好的心跳响应包通过 socket s 返回给客户端 */
        r=write_bytes(s, buffer, 3+payload);
    }
}
```

【问题 1】（4 分）

（1）心跳包数据长度字段的最大取值是多少？

（2）心跳包中的数据长度字段给出的长度值是否必须和后续的数据字段的实际长度一致？

【问题 2】（5 分）

（1）上述接收代码存在什么样的安全漏洞？

（2）该漏洞的危害是什么？

【问题 3】（2 分）

模糊测试（Fuzzing）是一种非常重要的信息系统安全测评方法，它是一种基于缺陷注入的自动化测试技术。请问模糊测试属于黑盒测试还是白盒测试？其测试结果是否存在误报？

【问题 4】（4 分）

模糊测试技术能否测试出上述代码存在的安全漏洞，为什么？

试题四分析

本题是综合考查考生对网络协议分析、代码安全审计以及代码安全测试技术掌握程度的题目。

【问题 1】

根据协议字段说明，心跳包数据长度字段为 2 个字节，就是 16 位，因此其最大值为 $2^{16}-1=65535$。

通过题目给出的代码分析可知，代码是直接从数据包中提取长度字段的，而且没有对数据包的实际长度进行计算，因此实际长度和数据包中给出的长度并不要求一致，这也是该代码漏洞的根本原因。

【问题 2】

分配的 buffer 是根据数据包给出的长度字段来分配的，并在 memcpy 函数实现内存数据拷贝，因此有可能越界读取额外的内存数据，造成信息泄露。

【问题 3】

模糊测试不需要源代码，是一种黑盒测试技术。通过往被测试程序发送或者注入各种数据，如果被测试程序出现异常，说明程序确实是存在问题的，不会有误报。

【问题 4】

上述代码存在的信息泄露漏洞在模糊测试过程中，不管用什么样的数据包长度去测试，被测代码都是正常运行，没有出现异常情况，因此也就无法判断是否有漏洞，所以模糊测试无法测试出该代码存在的漏洞。

参考答案

【问题 1】

（1）65535

（2）否

【问题 2】

存在溢出安全漏洞。

接收端处理代码在组装响应包时，心跳包数据长度字段（payload）采用的是客户端发送的请求包中使用的长度字段，由于心跳包数据长度字段完全由客户端控制，当 payload 大于实际心跳包数据的长度时，将导致越界访问接收端内存，从而泄露内存信息。（2 分）

造成的危害：在正常的情况下，response 报文中的 data 就是 request 报文中的 data 数据，但是在异常情况下，payload 的长度远大于实际数据的长度，这样就会发生内存的越界访问，但这种越界访问并不会直接导致程序异常，（因为这里直接 memcpy 后，服务器端并没有使用 copy 后的数据，而只是简单的进行了回复报文的填充，如果服务端使用了 copy 的数据也许就可能发现问题）这里使用了 memcpy 函数，该函数会直接根据长度把内存中数据复制给另一个变量。这样就给恶意的程序留下了后门，当恶意程序给 data 的长度变量赋值为 65535 时，就可以把内存中 64KB 的内存数据通过 Response 报文发送给客户端，这样客户端程序就可以获取到一些敏感数据泄露。

【问题 3】

黑盒，没有误报。

【问题 4】

不能。

因为不会产生异常，模糊测试器就无法监视到异常，从而无法检测到该漏洞。

试题五（共 15 分）

阅读下列说明和图，回答问题 1 至问题 5，将解答写在答题纸的对应栏内。

【说明】

入侵检测系统（IDS）和入侵防护系统（IPS）是两种重要的网络安全防御手段。IDS 注重的是网络安全状况的监管，IPS 则注重对入侵行为的控制。

【问题 1】（2 分）

网络安全防护可以分为主动防护和被动防护，请问 IDS 和 IPS 分别属于哪种防护？

【问题 2】（4 分）

入侵检测是动态安全模型（P2DR）的重要组成部分。请列举 P2DR 模型的 4 个主要组成部分。

【问题 3】（2 分）

假如某入侵检测系统记录了如图 5-1 所示的网络数据包。

No.	Source	Destination	Info
223865	76.53.17.71	192.168.220.1	11975→80 [SYN] Seq=0 Win=512 Len=0
223866	202.220.8.38	192.168.220.1	11976→80 [SYN] Seq=0 Win=512 Len=0
223867	203.164.62.187	192.168.220.1	11977→80 [SYN] Seq=0 Win=512 Len=0
223868	209.220.140.58	192.168.220.1	11978→80 [SYN] Seq=0 Win=512 Len=0
223869	69.0.162.39	192.168.220.1	11979→80 [SYN] Seq=0 Win=512 Len=0
223870	65.150.34.44	192.168.220.1	11980→80 [SYN] Seq=0 Win=512 Len=0
223871	173.209.144.93	192.168.220.1	11981→80 [SYN] Seq=0 Win=512 Len=0
223872	206.65.68.120	192.168.220.1	11982→80 [SYN] Seq=0 Win=512 Len=0
223873	77.117.248.0	192.168.220.1	11983→80 [SYN] Seq=0 Win=512 Len=0
223874	204.24.74.81	192.168.220.1	11984→80 [SYN] Seq=0 Win=512 Len=0
223875	169.105.148.72	192.168.220.1	11985→80 [SYN] Seq=0 Win=512 Len=0
223876	62.110.38.44	192.168.220.1	11986→80 [SYN] Seq=0 Win=512 Len=0
223877	239.56.76.228	192.168.220.1	11987→80 [SYN] Seq=0 Win=512 Len=0
223878	127.16.84.83	192.168.220.1	11988→80 [SYN] Seq=0 Win=512 Len=0

图 5-1 IDS 记录的网络数据包

请问图 5-1 中的数据包属于哪种网络攻击？该攻击的具体名字是什么？

【问题 4】（4 分）

入侵检测系统常用的两种检测技术是异常检测和误用检测，请问针对图中所描述的网络攻击应该采用哪种检测技术？请简要说明原因。

【问题 5】（3 分）

Snort 是一款开源的网络入侵检测系统，它能够执行实时流量分析和 IP 协议网络的数据包记录。

Snort 的配置有 3 种模式，请给出这 3 种模式的名字。

试题五分析

本题综合考查考生的网络协议分析、基本的网络扫描技术、入侵检测技术的掌握和运用能力。

【问题 1】

入侵检测系统（IDS）大都是通过攻击的签名来实现攻击检测，属于被动防护，而 IPS 可以根据预先设定的安全策略，对流经的每个报文进行深度检测（协议分析追踪、特征匹配、流量统计分析、事件关联分析等）发现隐藏于网络中的攻击，属于主动防护。

【问题 2】

P2DR 是一种动态网络安全模型，P2DR 模型由四个主要部分组成：安全策略（Policy）、保护（Protection）、检测（Detection）和响应（Response）。PPDR 模型是在整体的安全策略的控制和指导下，综合运用防护工具（如防火墙、身份认证、加密等）的同时，利用检测工具（如漏洞评估、入侵检测系统）了解和评估系统的安全状态，通过适当的响应将系统调整到一个比较安全的状态。保护、检测和响应组成了一个完整的、动态的安全循环。

【问题 3】

从图 5-1 中可以看出，数据包都是 SYN 请求建立分组，源 IP 地址都是随机的，是典型 SYN 泛洪攻击，其目的就是消耗网络资源，实现拒绝服务。

【问题 4】

异常检测是指根据非正常行为（系统或用户）和使用计算机非正常资源来检测入侵行为。其关键在于建立用户及系统正常行为轮廓（Profile），检测实际活动以判断是否背离正常轮廓。

误用检测又称为基于特征的检测，基于误用的入侵检测系统通过使用某种模式或者信号标示表示攻击，进而发现同类型的攻击。

显然针对上述攻击，根据 SYN 分组特征模式，应该采用误用检测来检测攻击。

【问题 5】

Snort 有三种工作方式，分别是嗅探器、数据包记录器和网络入侵检测系统。

（1）嗅探器（Snort 从网络上读出数据包并将其显示在控制台上）。

（2）数据包记录器（将数据包记录在硬盘上）。

（3）网络入侵检测系统 NIDS（最复杂，可配置，允许 Snort 匹配用户自定义的数据集，并根据检测结果执行一定的动作）。

参考答案

【问题 1】

IDS：被动防护，IPS：主动防护。

【问题 2】

　　安全策略（Policy），安全防护（Protection），检测（Detection），响应（Response）。

【问题 3】

　　拒绝服务攻击，SYN flooding（洪泛）。

【问题 4】

　　误用检测；该攻击有很明确的攻击特征和模式，适合采用误用检测。

【问题 5】

　　嗅探，包记录，网络入侵检测。

第3章 2019上半年信息安全工程师上午试题分析与解答

试题（1）

2016 年 11 月 7 日，十二届全国人大常委会第二十四次会议以 154 票赞成、1 票弃权，表决通过了《中华人民共和国网络安全法》。该法律第五十八条明确规定，因维护国家安全和社会公共秩序，处置重大突发社会安全事件的需要，经__(1)__决定或者批准，可以在特定区域对网络通信采取限制等临时措施。

(1) A．国务院　　　　　　　　　B．国家网信部门
　　C．省级以上人民政府　　　　　D．网络服务提供商

试题（1）分析

本题考查《中华人民共和国网络安全法》的相关规定。

第五十八条明确规定：因维护国家安全和社会公共秩序，处置重大突发社会安全事件的需要，经国务院决定或者批准，可以在特定区域对网络通信采取限制等临时措施。

参考答案

(1) A

试题（2）

2018 年 10 月，含有我国 SM3 杂凑算法的 ISO/IEC10118-3：2018《信息安全技术 杂凑函数 第 3 部分：专用杂凑函数》由国际标准化组织（ISO）发布，SM3 算法正式成为国际标准。SM3 的杂凑值长度为__(2)__。

(2) A．8 字节　　　B．16 字节　　　C．32 字节　　　D．64 字节

试题（2）分析

本题考查密码算法中的哈希算法和我国所使用的商用密码算法等基本知识。

SM3 密码摘要算法是中国国家密码管理局 2010 年公布的中国商用密码杂凑算法标准。SM3 算法适用于商用密码应用中的数字签名和验证，是在 SHA-256 基础上改进实现的一种算法。SM3 算法采用 Merkle-Damgard 结构，消息分组长度为 512 位，摘要值长度为 256 位。

参考答案

(2) C

试题（3）

BS7799 标准是英国标准协会制定的信息安全管理体系标准，它包括两个部分：《信息安全管理实施指南》和《信息安全管理体系规范和应用指南》。依据该标准可以组织建立、实施与保持信息安全管理体系，但不能实现__(3)__。

(3) A．强化员工的信息安全意识，规范组织信息安全行为

B．对组织内关键信息资产的安全态势进行动态监测
C．促使管理层坚持贯彻信息安全保障体系
D．通过体系认证就表明体系符合标准，证明组织有能力保障重要信息

试题（3）分析

本题考查重要的信息安全管理体系和标准的基础知识。

BS7799（英国贸易工业部标准）提供了一套综合的、由信息安全最佳措施组成的实施规则和管理要求，它广泛地涵盖了几乎所有的安全议题，非常适合于作为工商业及大、中、小组织的信息系统在大多数情况下所需的控制范围确定的参考基准。但标准没有对安全态势的动态检测进行规定。

参考答案

（3）B

试题（4）

为了达到信息安全的目标，各种信息安全技术的使用必须遵守一些基本原则，其中在信息系统中，应该对所有权限进行适当地划分，使每个授权主体只能拥有其中的一部分权限，使它们之间相互制约、相互监督，共同保证信息系统安全的是 __（4）__ 。

（4）A．最小化原则　　　　　　　　B．安全隔离原则
　　　C．纵深防御原则　　　　　　　D．分权制衡原则

试题（4）分析

本题考查网络权限管理的相关知识。

不同用户只拥有一部分权限，而且和其他用户的权限互相制约是典型的分权制衡原则。

参考答案

（4）D

试题（5）

等级保护制度已经被列入国务院《关于加强信息安全保障工作的意见》之中。以下关于我国信息安全等级保护内容描述不正确的是 __（5）__ 。

（5）A．对国家秘密信息、法人和其他组织及公民的专有信息以及公开信息和存储、
　　　　传输和处理这些信息的信息系统分等级实行安全保护
　　　B．对信息系统中使用的信息安全产品实行按等级管理
　　　C．对信息系统中发生的信息安全事件按照等级进行响应和处置
　　　D．对信息安全从业人员实行按等级管理，对信息安全违法行为实行按等级惩处

试题（5）分析

本题考查等级保护制度的基础知识。

国家通过制定统一的信息安全等级保护管理规范和技术标准，组织公民、法人和其他组织对信息系统分等级实行安全保护，对等级保护工作的实施进行监督、管理。因此等级保护制度是对信息系统进行分级管理，并没有对人员进行按等级管理，包括违法行为也是一样的。

参考答案

（5）D

试题（6）

研究密码破译的科学称为密码分析学。密码分析学中，根据密码分析者可利用的数据资源，可将攻击密码的类型分为四种，其中适于攻击公开密码体制，特别是攻击其数字签名的是__(6)__。

(6) A. 仅知密文攻击　　　　　　B. 已知明文攻击
　　C. 选择密文攻击　　　　　　D. 选择明文攻击

试题（6）分析

本题考查密码学方面的基础知识。

根据密码分析者可利用的数据资源来分类，可将密码攻击的类型分为四类：

（1）仅知密文攻击（Ciphertext Only Attack）：攻击者有一些消息的密文，这些密文都是用相同的加密算法进行加密得到的。

（2）已知明文攻击（Know Plaintext Attack）：攻击者不仅可以得到一些消息的密文，而且也知道对应的明文。

（3）选择明文攻击（Chosen Plaintext Attack）：攻击者不仅可以得到一些消息的密文和相应的明文，而且还可以选择被加密的明文。

（4）选择密文攻击（Chosen Ciphertext Attack）：攻击者能够选择一些不同的被加密的密文并得到与其对应的明文信息，攻击者的任务是推算出加密密钥。

参考答案

（6）C

试题（7）

基于 MD4 和 MD5 设计的 S/Key 口令是一种一次性口令生成方案，它可以对访问者的身份与设备进行综合验证，该方案可以对抗__(7)__。

(7) A. 网络钓鱼　　　　　　　　B. 数学分析攻击
　　C. 重放攻击　　　　　　　　D. 穷举攻击

试题（7）分析

本题考查密码协议的安全知识。

由于采用的是一次一密的口令生成方案，可以有效对抗重放攻击。

参考答案

（7）C

试题（8）

对于提高人员安全意识和安全操作技能来说，以下所列的安全管理方法最有效的是__(8)__。

(8) A. 安全检查　　　　　　　　B. 安全教育和安全培训
　　C. 安全责任追究　　　　　　D. 安全制度约束

试题（8）分析

本题考查网络安全能力提升和安全意识的相关知识。

由于题目要求的是提高人员安全意识和安全操作技能，且是从安全管理角度来说，有效的方法是进行安全教育和安全培训。

参考答案

（8）B

试题（9）

访问控制是对信息系统资源进行保护的重要措施，适当的访问控制能够阻止未经授权的用户有意或者无意地获取资源。信息系统访问控制的基本要素不包括__(9)__。

（9）A．主体　　　B．客体　　　C．授权访问　　　D．身份认证

试题（9）分析

本题考查系统访问控制的基本知识。

访问控制的三要素是主题、客体和授权访问，因此不包括身份认证。

参考答案

（9）D

试题（10）

下面对国家秘密定级和范围的描述中，不符合《保守国家秘密法》要求的是__(10)__。

（10）A．对是否属于国家和属于何种密级不明确的事项，可由各单位自行参考国家要求确定和定级，然后报国家保密工作部门备案

　　　B．各级国家机关、单位对所产生的秘密事项，应当按照国家秘密及其密级的具体范围的规定确定密级，同时确定保密期限和知悉范围

　　　C．国家秘密及其密级的具体范围，由国家行政管理部门分别会同外交、公安、国家安全和其他中央有关机关规定

　　　D．对是否属于国家和属于何种密级不明确的事项，由国家保密行政管理部门，或省、自治区、直辖市的保密行政管理部门确定

试题（10）分析

本题考查《保守国家秘密法》的相关知识。

各级国家机关、单位对所产生的秘密事项，应当按照国家秘密及其密级的具体范围的规定确定密级，而不是自行确定和定级。

参考答案

（10）A

试题（11）

数字签名是对以数字形式存储的消息进行某种处理，产生一种类似于传统手书签名功效的信息处理过程。数字签名标准 DSS 中使用的签名算法 DSA 是基于 ElGamal 和 Schnorr 两个方案而设计的。当 DSA 对消息 m 的签名验证结果为 True，也不能说明__(11)__。

（11）A．接收的消息 m 无伪造　　　B．接收的消息 m 无篡改
　　　C．接收的消息 m 无错误　　　D．接收的消息 m 无泄密

试题（11）分析

本题考查消息签名和安全关系的相关知识。

签名验证结果正确只能证明消息没有被修改过，也就是没有伪造和出错，但不能保证消

息是否泄密。

参考答案

（11）D

试题（12）

IP 地址分为全球地址（公有地址）和专用地址（私有地址），在文档 RFC1918 中，不属于专用地址的是__（12）__。

（12）A．10.0.0.0 到 10.255.255.255　　　　B．255.0.0.0 到 255.255.255.255
　　　C．172.16.0.0 到 172.31.255.255　　　D．192.168.0.0 到 192.168.255.255

试题（12）分析

本题考查 IP 地址分类的相关知识。

根据 IP 地址的分类归档，255 开头的 IP 地址不属于私有专用地址。

参考答案

（12）B

试题（13）

人为的安全威胁包括主动攻击和被动攻击。主动攻击是攻击者主动对信息系统实施攻击，导致信息或系统功能改变。被动攻击不会导致系统信息的篡改，系统操作与状态不会改变。以下属于被动攻击的是__（13）__。

（13）A．嗅探　　　B．越权访问　　　C．重放攻击　　　D．伪装

试题（13）分析

本题考查网络安全威胁和攻击关系的相关知识。

嗅探是通过默默地获取网络流量信息，而不是主动与相关系统进行交互，因此属于被动攻击范畴。

参考答案

（13）A

试题（14）

确保信息仅被合法实体访问，而不被泄露给非授权的实体或供其利用的特性是指信息的__（14）__。

（14）A．完整性　　　B．可用性　　　C．保密性　　　D．不可抵赖性

试题（14）分析

本题考查信息安全的目的相关知识。

保密性是指网络信息不被泄露给非授权的用户、实体或过程，即信息只为授权用户使用。

参考答案

（14）C

试题（15）

安全模型是一种对安全需求与安全策略的抽象概念模型，安全策略模型一般分为自主访问控制模型和强制访问控制模型。以下属于自主访问控制模型的是__（15）__。

（15）A．BLP 模型　　　　　　　　　　　B．基于角色的存取控制模型

C．BN 模型　　　　　　　　　D．访问控制矩阵模型

试题（15）分析

本题考查访问控制模型的相关知识。

自主访问控制机制允许对象的属主自行制定针对该对象的保护策略。通常 DAC 通过授权列表（或访问控制列表）来限定哪些主体针对哪些客体可以执行什么操作。

参考答案

（15）D

试题（16）

认证是证实某事是否名副其实或者是否有效的一个过程。以下关于认证的叙述中，不正确的是__（16）__。

（16）A．认证能够有效阻止主动攻击
　　　　B．认证常用的参数有口令、标识符、生物特征等
　　　　C．认证不允许第三方参与验证过程
　　　　D．身份认证的目的是识别用户的合法性，阻止非法用户访问系统

试题（16）分析

本题考查系统的身份认证的相关知识。

身份认证有很多协议，其中就包括利用可信第三方身份认证的协议，如 Kerberos。

参考答案

（16）C

试题（17）

虚拟专用网 VPN 是一种新型的网络安全传输技术，为数据传输和网络服务提供安全通道。VPN 架构采用的多种安全机制中，不包括__（17）__。

（17）A．隧道技术　　　　　　　　B．信息隐藏技术
　　　　C．密钥管理技术　　　　　　D．身份认证技术

试题（17）分析

本题考查虚拟专用网络的相关知识。

虚拟专用网通过隧道技术实现在公共网络上安全传输，并采用加密和认证技术实现保密性和用户认证，但没有采用信息隐藏技术。

参考答案

（17）B

试题（18）

Android 系统是一种以 Linux 为基础的开放源代码操作系统，主要用于便携智能终端设备。Android 采用分层的系统架构，其从高层到低层分别是__（18）__。

（18）A．应用程序层、应用程序框架层、系统运行库层和 Linux 核心层
　　　　B．Linux 核心层、系统运行库层、应用程序框架层和应用程序层
　　　　C．应用程序框架层、应用程序层、系统运行库层和 Linux 核心层
　　　　D．Linux 核心层、系统运行库层、应用程序层和应用程序框架层

试题（18）分析

本题考查安卓操作系统的相关知识。

Android 采用分层的系统架构，其从高层到低层分别是应用程序层、应用程序框架层、系统运行库层和 Linux 核心层。

参考答案

（18）A

试题（19）

文件加密就是将重要的文件以密文形式存储在媒介上，对文件进行加密是一种有效的数据加密存储技术。以下文件加密系统中，基于 Windows 系统的是__（19）__。

（19）A．AFS　　　　B．TCFS　　　　C．CFS　　　　D．EFS

试题（19）分析

本题考查文件加密的相关知识。

加密文件系统（Encrypting File System, EFS）是 Windows 2000 及以上 Windows 版本中，磁盘格式为 NTFS 的文件加密。

参考答案

（19）D

试题（20）

数字水印技术通过在数字化的多媒体数据中嵌入隐蔽的水印标记，可以有效实现对数字多媒体数据的版权保护等功能。以下关于数字水印的描述中，不正确的是__（20）__。

（20）A．隐形数字水印可应用于数据侦测与跟踪
　　　B．在数字水印技术中，隐藏水印的数据量和鲁棒性是一对矛盾
　　　C．秘密水印也称盲化水印，其验证过程不需要原始秘密信息
　　　D．视频水印算法必须满足实时性的要求

试题（20）分析

本题考查数字水印知识。

数字水印技术是指用信号处理的方法在数字化的多媒体数据中嵌入隐蔽的标记。这种标记通常是不可见的，只有通过专用的检测器或阅读器才能提取。数字水印技术的发展为解决数字产品的侵权问题提供了一个有效的解决途径。数字水印技术通过在数字作品中加入一个不可察觉的标识信息（版权标识或序列号等），需要时可以通过算法提出标识信息来进行验证，作为指证非法复制的证据，从而实现对数字产品的版权保护。其安全需求包括：安全性、隐蔽性、鲁棒性，但并不要求具有可见性。

参考答案

（20）C

试题（21）

__（21）__ 是指采用一种或多种传播手段，将大量主机感染 bot 程序，从而在控制者和被感染主机之间形成一个可以一对多控制的网络。

（21）A．特洛伊木马　　B．僵尸网络　　C．ARP 欺骗　　D．网络钓鱼

试题（21）分析

本题考查考生对于僵尸网络概念的掌握情况。

僵尸网络是指采用一种或多种传播手段，将大量主机感染 bot 程序，从而在控制者和被感染主机之间形成一个可以一对多控制的网络。

参考答案

（21）B

试题（22）

计算机取证是指能够为法庭所接受的、存在于计算机和相关设备中的电子证据的确认、保护、提取和归档的过程。以下关于计算机取证的描述中，不正确的是__(22)__。

（22）A．为了保证调查工具的完整性，需要对所有工具进行加密处理
 B．计算机取证需要重构犯罪行为
 C．计算机取证主要是围绕电子证据进行的
 D．电子证据具有无形性

试题（22）分析

本题考查考生对计算机取证技术的理解。

计算机证据是指在计算机系统运行过程中产生的以其记录的内容来证明案件事实的电磁记录物。计算机取证是指运用计算机辨析技术，对计算机犯罪行为进行分析以确认罪犯及计算机证据，也就是针对计算机入侵与犯罪，进行证据获取、保存、分析和出示。从技术上讲，计算机取证是一个对受侵计算机系统进行扫描和破解，以对入侵事件进行重建的过程。因此，计算机取证并不要求所有工具进行加密处理。

参考答案

（22）A

试题（23）

强制访问控制（MAC）可通过使用敏感标签对所有用户和资源强制执行安全策略。MAC中用户访问信息的读写关系包括下读、上写、下写和上读四种，其中用户级别高于文件级别的读写操作是__(23)__。

（23）A．下读　　　　B．上写　　　　C．下写　　　　D．上读

试题（23）分析

本题考查强制访问控制方面的知识。

强制访问控制（Mandatory Access Control，MAC），是一种不允许主体干涉的访问控制类型。它是基于安全标识和信息分级等信息敏感性的访问控制，通过比较资源的敏感性与主体的级别来确定是否允许访问。系统将所有主体和客体分成不同的安全等级，给予客体的安全等级能反映出客体本身的敏感程度；主体的安全等级，标志着用户不会将信息透露给未经授权的用户。根据 MAC 的安全级别，用户与访问的信息的读写关系有四种类型，其中用户级别高于文件级别的读写操作是下读。

参考答案

（23）A

试题（24）

恶意代码是指为达到恶意目的而专门设计的程序或代码。恶意代码的一般命名格式为：<恶意代码前缀>.<恶意代码名称>.<恶意代码后缀>。以下恶意代码中，属于脚本病毒的是__(24)__。

（24）A．Worm.Sasser.f　　　　　　　　B．Trojan.Huigezi.a
　　　　C．Harm.FormatC.f　　　　　　　D．Script.Redlof

试题（24）分析

本题考查考生对恶意代码的掌握情况。

恶意代码是指在未明确提示用户或未经用户许可的情况下，在用户计算机或其他终端上安装运行，侵犯用户合法权益的软件，也包括故意编制或设置的、对网络或系统会产生威胁或潜在威胁的计算机代码。在访问因特网时，可以采取将要访问的Web站点按其可信度分配到浏览器不同安全区域的方式防止Web页面中恶意代码对自己计算机的损害。根据恶意代码的命名规则，属于脚本病毒的是Script.Redlof。

参考答案

（24）D

试题（25）

蜜罐是一种在互联网上运行的计算机系统，是专门为吸引并诱骗那些试图非法闯入他人计算机系统的人而设计的。以下关于蜜罐的描述中，不正确的是__(25)__。

（25）A．蜜罐系统是一个包含漏洞的诱骗系统　　B．蜜罐技术是一种被动防御技术
　　　　C．蜜罐可以与防火墙协作使用　　　　　　D．蜜罐可以查找和发现新型攻击

试题（25）分析

本题考查网络蜜罐技术。

蜜罐技术是一种对攻击方进行欺骗的技术。通过布置一些作为诱饵的主机、网络服务或者信息，诱使攻击方对它们实施攻击，从而可以对攻击行为进行捕获和分析，了解攻击方所使用的工具与方法，推测攻击意图和动机，能够让防御方清晰地了解他们所面对的安全威胁，并通过技术和管理手段来增强实际系统的安全防护能力。网络蜜罐技术是一种主动防御技术，是入侵检测技术的一个重要发展方向。

参考答案

（25）B

试题（26）

已知 DES 算法 S 盒如下：

	0	1	2	3	4	5	6	7	8	9	10	11	12	13	14	15
0	12	1	10	15	9	2	6	8	0	13	3	4	14	7	5	11
1	10	15	4	2	7	12	9	5	6	1	13	14	0	11	3	8
2	9	14	15	5	2	8	12	3	7	0	4	10	1	13	11	6
3	4	3	2	12	9	5	15	10	11	14	1	7	6	0	8	13

如果该 S 盒输入 110011，则其二进制输出为__(26)__。

(26) A. 1110　　　B. 1001　　　C. 0100　　　D. 0101

试题（26）分析

本题考查考生对 DES 算法中 S 盒的运用。

DES 算法是最为广泛使用的一种分组密码算法。DES 是一个包含 16 个阶段的"替换-置换"的分组加密算法，它以 64 位为分组对数据加密。64 位的分组明文序列作为加密算法的输入，经过 16 轮加密得到 64 位的密文序列。每一个 S 盒对应 6 位的输入序列，得到相应的 4 位输出序列，输入序列以一种非常特殊的方式对应 S 盒中的某一项，通过 S 盒的 6 个位输入确定了其对应的输出序列所在的行和列的值。假定将 S 盒的 6 位的输入标记为 b_1、b_2、b_3、b_4、b_5、b_6，则 b_1 和 b_6 组合构成了一个 2 位的序列，该 2 位的序列对应一个介于 0 到 3 的十进制数字，该数字即表示输出序列在对应的 S 盒中所处的行；输入序列中 b_2 到 b_5 构成了一个 4 位的序列，该 2 位的序列对应一个介于 0 到 15 的十进制数字，该数字即表示输出序列在对应的 S 盒中所处的列，根据行和列的值可以确定相应的输出序列。

参考答案

（26）A

试题（27）

外部网关协议 BGP 是不同自治系统的路由器之间交换路由信息的协议，BGP-4 使用四种报文：打开报文、更新报文、保活报文和通知报文。其中用来确认打开报文和周期性地证实邻站关系的是___(27)___。

(27) A. 打开报文　　　B. 更新报文　　　C. 保活报文　　　D. 通知报文

试题（27）分析

本题考查外部网关协议 BGP 的相关知识。

BGP 是不同自治系统的路由器之间交换路由信息的协议，BGP 协议交换路由信息的结点数是以自治系统数为单位，BGP-4 采用路由向量协议，GP-4 使用四种报文：打开报文、更新报文、保活报文和通知报文。其中用来确认打开报文和周期性地证实邻站关系的是保活报文。

参考答案

（27）C

试题（28）

电子邮件系统的邮件协议有发送协议 SMTP 和接收协议 POP3/IMAP4。SMTP 发送协议中，发送身份标识的指令是___(28)___。

(28) A. SEND　　　B. HELP　　　C. HELO　　　D. SAML

试题（28）分析

本题考查电子邮件系统中邮件协议的相关知识。

电子邮件系统的邮件协议有发送协议 SMTP 和接收协议 POP3/IMAP4，其中 SMTP 的全称是"Simple Mail Transfer Protocol"，即简单邮件传输协议。它是一组用于从源地址到目的地址传输邮件的规范，通过它来控制邮件的中转方式。SMTP 协议属于 TCP/IP 协议簇，它帮助每台计算机在发送或中转信件时找到下一个目的地。SMTP 发送协议中，发送身份标识的指令是 HELO。
参考答案
（28）C

试题（29）
　　__(29)__ 能有效防止重放攻击。
　　（29）A．签名机制　　　　B．时间戳机制　　　　C．加密机制　　　　D．压缩机制

试题（29）分析
　　本题考查的知识点是重放攻击。
　　重放攻击是指攻击者发送一个目的主机已接收过的包，来达到欺骗系统的目的，主要用于身份认证过程，破坏认证的正确性。重放攻击可以由发起者或拦截并重发该数据的敌方进行。攻击者利用网络监听或者其他方式盗取认证凭据，之后再把它重新发给认证服务器。重放攻击的防御手段包括加随机数、加时间戳和加流水号等。

参考答案
（29）B

试题（30）
　　智能卡片内操作系统 COS 一般由通信管理模块、安全管理模块、应用管理模块和文件管理模块四个部分组成。其中数据单元或记录的存储属于__(30)__。
　　（30）A．通信管理模块　　　　　　　　B．安全管理模块
　　　　　C．应用管理模块　　　　　　　　D．文件管理模块

试题（30）分析
　　本题考查的知识点是智能卡片内操作系统 COS。
　　智能卡片内操作系统 COS 主要用于接受和处理外界发给 SIM 卡的各种信息，执行外界发送的各种指令，管理卡内的存储器空间，向外界回送应答信息等。一般来说，智能卡 COS 系统模型共由 4 部分组成：通信管理模块、安全管理模块、应用处理模块、文件管理模块，其中数据单元或记录的存储属于文件管理模块。

参考答案
（30）D

试题（31）
　　PKI 是一种标准的公钥密码密钥管理平台。在 PKI 中，认证中心 CA 是整个 PKI 体系中各方都承认的一个值得信赖的、公正的第三方机构。CA 的功能不包括__(31)__。
　　（31）A．证书的颁发　　　　　　　　B．证书的审批
　　　　　C．证书的加密　　　　　　　　D．证书的备份

试题（31）分析
　　本题考查 PKI 方面的基础知识。
　　公钥基础设施（PKI）是一种遵循既定标准的密钥管理平台，它能够为所有网络应用提供加密和数字签名等密码服务及所必须的密钥和证书管理体系。PKI 可以解决公钥可信性问题。在 PKI 中，认证中心 CA 是整个 PKI 体系中各方都承认的一个值得信赖的、公正的第三

方机构。CA 的功能包括证书的颁发、证书的审批、证书的备份等。

参考答案

（31）C

试题（32）

SM2 算法是国家密码管理局于 2010 年 12 月 17 日发布的椭圆曲线公钥密码算法，在我们国家商用密码体系中被用来替换__（32）__算法。

（32）A．DES　　　　　B．MD5　　　　　C．RSA　　　　　D．IDEA

试题（32）分析

本题考查我国商用密码管理方面的基础知识。

SM2 是国家密码管理局于 2010 年 12 月 17 日发布的椭圆曲线公钥密码算法。SM2 算法和 RSA 算法都是公钥密码算法，SM2 算法是一种更先进安全的算法，在我们国家商用密码体系中被用来替换 RSA 算法。

参考答案

（32）C

试题（33）

数字证书是一种由一个可信任的权威机构签署的信息集合。PKI 中的 X.509 数字证书的内容不包括__（33）__。

（33）A．版本号　　　　　　　　　　B．签名算法标识
　　　C．证书持有者的公钥信息　　　D．加密算法标识

试题（33）分析

本题考查 PKI 中 X.509 数字证书的基础知识。

数字证书如同日常生活中使用的身份证明，它是持有者在网络上证明自己身份的凭证。X.509 定义的数字证书包括 3 部分：证书内容、签名算法和使用签名算法对证书内容所做的签名。X.509 数字证书的具体内容如下：

① 证书版本号：用于识别数字证书版本号，版本号可以是 V1、V2 和 V3，目前常用的是 V3。

② 证书序列号：是由 CA 分配给数字证书的唯一的数字类型的标识符。当数字证书被撤销时，将此证书序列号放入由 CA 签发的证书撤销列表 CRL。

③ 签名算法标识：用来标识对证书进行签名的算法和算法包含的参数。X.509 规定，这个算法同证书格式中出现的签名算法必须是同一个算法。

④ 证书签发机构：签发数字证书的 CA 的名称。

⑤ 证书有效期：证书启用和废止的日期和时间，表明证书在该时间段内有效。

⑥ 证书对应的主体：证书持有者的名称。

⑦ 证书主体的公钥算法：包括证书主体的签名算法、需要的参数和公钥参数。

⑧ 证书签发机构唯一标识：该项为可选项。

⑨ 证书主体唯一标识：该项为可选项。

⑩ 扩展项：X.509 证书的 V3 版本还规定了证书的扩展项。

参考答案

(33) D

试题（34）

下列关于数字签名说法正确的是 __(34)__ 。

(34) A. 数字签名不可信　　　　　　B. 数字签名不可改变
　　　C. 数字签名可以否认　　　　　D. 数字签名易被伪造

试题（34）分析

本题考查数字签名方面的基础知识。

数字签名是对以数字形式存储的消息进行某种处理，产生一种类似于传统手书签名功效的信息处理过程。它通常将某个算法作用于需要签名的消息，生成一种带有操作者身份信息的编码。数字签名主要用来解决信息的不可信、被伪造、抵赖等问题，数字签名具有不可改变性。

参考答案

(34) B

试题（35）

含有两个密钥的 3 重 DES 加密：$C = E_{K_1}[D_{K_2}[E_{K_1}[P]]]$，其中 $K_1 \neq K_2$，则其有效的密钥长度为 __(35)__ 。

(35) A. 56 位　　　B. 112 位　　　C. 128 位　　　D. 168 位

试题（35）分析

本题考查考生对 DES 算法的改进。

DES 算法是最为广泛使用的一种分组密码算法。DES 的密钥长度为 56 位，3 重 DES 含有两个密钥，其有效的密钥长度为 112 位。

参考答案

(35) B

试题（36）

PDR 模型是一种体现主动防御思想的网络安全模型，该模型中 D 表示 __(36)__ 。

(36) A. Design（设计）　　　　　　B. Detection（检测）
　　　C. Defense（防御）　　　　　D. Defend（保护）

试题（36）分析

本题考查考生对 PDR 模型的掌握情况。

PDR 模型是最早体现主动防御思想的一种网络安全模型。PDR 模型包括 Protection（保护）、Detection（检测）、Response（响应）3 个部分。

参考答案

(36) B

试题（37）

无线传感器网络 WSN 是由部署在监测区域内大量的廉价微型传感器节点组成，通过无线通信方式形成的一个多跳的自组织网络系统。以下针对 WSN 安全问题的描述中，错

误的是 (37) 。

  (37) A. 通过频率切换可以有效抵御 WSN 物理层的电子干扰攻击
    B. WSN 链路层容易受到拒绝服务攻击
    C. 分组密码算法不适合在 WSN 中使用
    D. 虫洞攻击是针对 WSN 路由层的一种网络攻击形式

试题 (37) 分析

  本题考查考生对无线传感器网络 WSN 的掌握情况。
  无线传感器网络 WSN 是由部署在监测区域内大量的廉价微型传感器节点组成,通过无线通信方式形成的一个多跳的自组织网络系统。WSN 通过频率切换可以有效抵御 WSN 物理层的电子干扰攻击,链路层容易受到拒绝服务攻击,虫洞攻击是针对 WSN 路由层的一种网络攻击形式。

参考答案

  (37) C

试题 (38)

  有一些信息安全事件是由于信息系统中多个部分共同作用造成的,人们称这类事件为"多组件事故",应对这类安全事件最有效的方法是 (38) 。

  (38) A. 配置网络入侵检测系统以检测某些类型的违法或误用行为
    B. 使用防病毒软件,并且保持更新为最新的病毒特征码
    C. 将所有公共访问的服务放在网络非军事区(DMZ)
    D. 使用集中的日志审计工具和事件关联分析软件

试题 (38) 分析

  本题考查多组件事故的应对方法。
  多组件事故是指由于信息系统中多个部分共同作用造成的信息安全事件。应对这类安全事件最有效的方法是使用集中的日志审计工具和事件关联分析软件。

参考答案

  (38) D

试题 (39)

  数据备份通常可分为完全备份、增量备份、差分备份和渐进式备份几种方式。其中将系统中所有选择的数据对象进行一次全面的备份,而不管数据对象自上次备份之后是否修改过的备份方式是 (39) 。

  (39) A. 完全备份 B. 增量备份 C. 差分备份 D. 渐进式备份

试题 (39) 分析

  本题考查考生对数据备份方式的掌握情况。
  数据备份是指为防止系统出现操作失误或系统故障导致数据丢失,而将全部或部分数据集合从应用主机的硬盘或阵列复制到其他的存储介质的过程。数据备份通常可分为完全备份、增量备份、差分备份和渐进式备份 4 种方式。其中,将系统中所有选择的数据对象进行一次全面的备份,而不管数据对象自上次备份之后是否修改过的备份方式是完全备份。

参考答案

（39）A

试题（40）

IPSec 协议可以为数据传输提供数据源验证、无连接数据完整性、数据机密性、抗重播等安全服务。其实现用户认证采用的协议是 __(40)__ 。

（40）A．IKE 协议　　B．ESP 协议　　C．AH 协议　　D．SKIP 协议

试题（40）分析

本题考查 IPSec 协议。

IPSec 协议的主要功能为加密、认证和密钥的管理与交换功能，可以为数据传输提供数据源验证、无连接数据完整性、数据机密性、抗重播等安全服务，它包括 AH、ESP 和 IKE 三个协议，其中实现用户认证采用的协议是 AH 协议。

参考答案

（40）C

试题（41）

网页木马是一种通过攻击浏览器或浏览器外挂程序的漏洞，向目标用户机器植入木马、病毒、密码盗取等恶意程序的手段。为了要安全浏览网页，不应该 __(41)__ 。

（41）A．定期清理浏览器缓存和上网历史记录
　　　B．禁止使用 ActiveX 控件和 Java 脚本
　　　C．在他人计算机上使用"自动登录"和"记住密码"功能
　　　D．定期清理浏览器 Cookies

试题（41）分析

本题考查的知识点是网页木马。

网页木马是一种通过攻击浏览器或浏览器外挂程序的漏洞，向目标用户机器植入木马、病毒、密码盗取等恶意程序的手段。为了要安全浏览网页，需要定期清理浏览器缓存和上网历史记录，禁止使用 ActiveX 控件和 Java 脚本，并且定期清理浏览器 Cookies。

参考答案

（41）C

试题（42）

包过滤技术防火墙在过滤数据包时，一般不关心 __(42)__ 。

（42）A．数据包的源地址　　　　　　B．数据包的目的地址
　　　C．数据包的协议类型　　　　　D．数据包的内容

试题（42）分析

本题考查包过滤技术防火墙的基础知识。

防火墙是一种能有效控制内部网络和外部网络之间的访问及数据传输，从而达到保护内部网络的信息不受外部非授权用户的访问和对不良信息的过滤的安全技术。包过滤防火墙技术是在 IP 层实现的，它可以只用路由器就能够实现。它设置在网络层，首先应建立一定数量的信息过滤表，信息过滤表是以收到的数据包头信息为基础而建成的。信息包头含有数据包

源 IP 地址、目的 IP 地址、传输协议类型（TCP、UDP、ICMP 等）、协议源端口号、协议目的端口号、连接请求方向等。当一个数据包满足过滤表中的规则时，则允许数据包通过，否则禁止通过。

参考答案

（42）D

试题（43）

信息安全风险评估是指确定在计算机系统和网络中每一种资源缺失或遭到破坏对整个系统造成的预计损失数量，是对威胁、脆弱点以及由此带来的风险大小的评估。在信息安全风险评估中，以下说法正确的是__（43）__。

（43）A．安全需求可通过安全措施得以满足，不需要结合资产价值考虑实施成本
　　　B．风险评估要识别资产相关要素的关系，从而判断资产面临的风险大小。在对这些要素的评估过程中，不需要充分考虑与这些基本要素相关的各类属性
　　　C．风险评估要识别资产相关要素的关系，从而判断资产面临的风险大小。在对这些要素的评估过程中，需要充分考虑与这些基本要素相关的各类属性
　　　D．信息系统的风险在实施了安全措施后可以降为零

试题（43）分析

本题考查信息安全风险评估方面的知识。

信息安全风险评估是依照科学的风险管理程序和方法，充分的对组成系统的各部分所面临的危险因素进行分析评价。针对系统存在的安全问题，根据系统对其自身的安全需求，提出有效的安全措施，达到最大限度减少风险、降低危害和确保系统安全运行的目的。风险评估要识别资产相关要素的关系，从而判断资产面临的风险大小。在对这些要素的评估过程中，需要充分考虑与这些基本要素相关的各类属性。

参考答案

（43）C

试题（44）

入侵检测技术包括异常入侵检测和误用入侵检测。以下关于误用检测技术的描述中，正确的是__（44）__。

（44）A．误用检测根据对用户正常行为的了解和掌握来识别入侵行为
　　　B．误用检测根据掌握的关于入侵或攻击的知识来识别入侵行为
　　　C．误用检测不需要建立入侵或攻击的行为特征库
　　　D．误用检测需要建立用户的正常行为特征轮廓

试题（44）分析

本题考查入侵检测技术。

入侵检测技术是一种主动防御技术，通过收集和分析网络行为、安全日志、审计数据、其他网络上可以获得的信息以及计算机系统中若干关键点的信息，检查网络或系统中是否存在违反安全策略的行为和被攻击的迹象。入侵检测技术包括异常入侵检测和误用入侵检测，其中误用检测根据掌握的关于入侵或攻击的知识来识别入侵行为。

参考答案

（44）B

试题（45）

身份认证是证实客户的真实身份与其所声称的身份是否相符的验证过程。目前，计算机及网络系统中常用的身份认证技术主要有：用户名/密码方式、智能卡认证、动态口令、生物特征认证等。其中能用于身份认证的生物特征必须具有 __（45）__ 。

（45）A．唯一性和稳定性　　　　　　B．唯一性和保密性
　　　C．保密性和完整性　　　　　　D．稳定性和完整性

试题（45）分析

本题考查身份识别方面的基础知识。

身份认证是证实客户的真实身份与其所声称的身份是否相符的验证过程。目前，计算机及网络系统中常用的身份认证技术主要有以下几种：用户名/密码方式、智能卡认证、动态口令、USB Key 认证、生物特征认证等。原则上用于身份认证的生物特征必须具有：普遍性、唯一性、稳定性、可采集性。

参考答案

（45）A

试题（46）

无论是哪一种 Web 服务器，都会受到 HTTP 协议本身安全问题的困扰，这样的信息系统安全漏洞属于 __（46）__ 。

（46）A．开发型漏洞　　B．运行型漏洞　　C．设计型漏洞　　D．验证型漏洞

试题（46）分析

本题考查安全漏洞方面的基础知识。

安全漏洞是在硬件、软件、协议的具体实现或系统安全策略上存在的缺陷，从而可以使攻击者能够在未授权的情况下访问或破坏系统。常见的漏洞类型包括开发型漏洞、运行型漏洞、设计型漏洞、验证型漏洞，其中 HTTP 协议本身安全造成的信息系统安全漏洞属于设计型漏洞。

参考答案

（46）C

试题（47）

互联网上通信双方不仅需要知道对方的地址，也需要知道通信程序的端口号。以下关于端口的描述中，不正确的是 __（47）__ 。

（47）A．端口可以泄露网络信息
　　　B．端口不能复用
　　　C．端口是标识服务的地址
　　　D．端口是网络套接字的重要组成部分

试题（47）分析

本题考查通信端口方面的基础知识。

端口是信息系统中的设备与外界进行信息交互的出口，互联网上通信双方不仅需要知道对方的地址，也需要知道通信程序的端口号。端口是标识服务的地址，是网络套接字的重要组成部分，端口可以泄露网络信息。

参考答案

（47）B

试题（48）

安全电子交易协议 SET 中采用的公钥密码算法是 RSA，采用的私钥密码算法是 DES，其所使用的 DES 有效密钥长度是__（48）__。

（48）A．48 位　　　　B．56 位　　　　C．64 位　　　　D．128 位

试题（48）分析

本题考查 DES 算法的基础知识。

DES 算法是最为广泛使用的一种分组密码算法，DES 的密钥长度为 56 位。

参考答案

（48）B

试题（49）

Windows 系统的用户管理配置中，有多项安全设置，其中密码和账户锁定安全选项设置属于__（49）__。

（49）A．本地策略　　　　　　　　B．公钥策略
　　　　C．软件限制策略　　　　　　D．账户策略

试题（49）分析

本题考查 Windows 系统配置管理的知识。

Windows 系统的用户管理配置中，有多项安全设置，用户配置文件定义保存了用户的工作环境。根据工作环境的不同，Windows 系统支持三种类型配置文件：本地用户配置文件、漫游用户配置文件和强制用户配置文件，其中密码和账户锁定安全选项设置属于账户策略。

参考答案

（49）D

试题（50）

中间人攻击就是在通信双方毫无察觉的情况下，通过拦截正常的网络通信数据，进而对数据进行嗅探或篡改。以下属于中间人攻击的是__（50）__。

（50）A．DNS 欺骗　　　　　　　　B．社会工程攻击
　　　　C．网络钓鱼　　　　　　　　D．旁注攻击

试题（50）分析

本题考查中间人攻击知识。

中间人攻击就是在通信双方毫无察觉的情况下，通过拦截正常的网络通信数据，进而对数据进行嗅探或篡改。典型的中间人攻击方式包括 DNS 欺骗、会话劫持等。

参考答案

（50）A

试题（51）

APT 攻击是一种以商业或者政治目的为前提的特定攻击，其中攻击者采用口令窃听、漏洞攻击等方式尝试进一步入侵组织内部的个人电脑和服务器，不断提升自己的权限，直至获得核心电脑和服务器控制权的过程被称为__(51)__。

(51) A．情报收集　　B．防线突破　　C．横向渗透　　D．通道建立

试题（51）分析

本题考查 APT 攻击。

APT 攻击即高级可持续威胁攻击，指某组织对特定对象展开的持续有效的攻击活动。APT 攻击是一种以商业或者政治目的为前提的特定攻击，其中攻击者采用口令窃听、漏洞攻击等方式尝试进一步入侵组织内部的个人电脑和服务器，不断提升自己的权限，直至获得核心电脑和服务器控制权的过程被称为横向渗透。

参考答案

（51）C

试题（52）

无线局域网鉴别和保密体系 WAPI 是一种安全协议，也是我国无线局域网安全强制性标准，以下关于 WAPI 的描述中，正确的是__(52)__。

(52) A．WAPI 系统中，鉴权服务器 AS 负责证书的颁发、验证和撤销
　　　B．WAPI 与 Wi-Fi 认证方式类似，均采用单向加密的认证技术
　　　C．WAPI 中，WPI 采用对称密码算法进行加解密操作
　　　D．WAPI 从应用模式上分为单点式、分布式和集中式

试题（52）分析

本题考查 WAPI 安全协议。

WAPI 安全协议即无线局域网鉴别和保密基础结构，WAPI 标准是中国颁布的无线局域网安全国家标准。WAPI 安全协议作为一种新的无线网络安全协议，可以防范无线局域网"钓鱼、蹭网、非法侦听"等安全威胁，为无线网络提供了基本安全防护能力。WAPI 系统中，鉴权服务器 AS 负责证书的颁发、验证和撤销。

参考答案

（52）A

试题（53）

Snort 是一款开源的网络入侵检测系统，它能够执行实时流量分析和 IP 协议网络的数据包记录。以下不属于 Snort 配置模式的是__(53)__。

(53) A．嗅探　　　　　　　　　　　B．包记录
　　　C．分布式入侵检测　　　　　　D．网络入侵检测

试题（53）分析

本题考查网络入侵检测系统 Snort。

Snort 是一款开源的网络入侵检测系统，它能够执行实时流量分析和 IP 协议网络的数据包记录。Snort 有三种配置模式：嗅探、数据包记录、网络入侵检测。

参考答案

（53）C

试题（54）

SSL 协议（安全套接层协议）是 Netscape 公司推出的一种安全通信协议，以下服务中，SSL 协议不能提供的是__（54）__。

(54) A．用户和服务器的合法性认证服务
　　　B．加密数据服务以隐藏被传输的数据
　　　C．维护数据的完整性
　　　D．基于 UDP 应用的安全保护

试题（54）分析

本题考查网络入侵检测系统 Snort。

SSL 协议（安全套接层协议）是 Netscape 公司推出的安全通信协议，是为网络通信提供安全及数据完整性的一种安全协议。SSL 协议提供的服务包括用户和服务器的合法性认证服务、加密数据服务以隐藏被传输的数据、数据完整性服务。

参考答案

（54）D

试题（55）

IPSec 属于__（55）__的安全解决方案。

(55) A．网络层　　　B．传输层　　　C．应用层　　　D．物理层

试题（55）分析

本题考查 IPSec 协议。

IPSec 协议的主要功能为加密、认证和密钥的管理与交换功能，可以为数据传输提供数据源验证、无连接数据完整性、数据机密性、抗重播等安全服务。IPSec 属于网络层安全解决方案。

参考答案

（55）A

试题（56）

物理安全是计算机信息系统安全的前提，物理安全主要包括场地安全、设备安全和介质安全。以下属于介质安全的是__（56）__。

(56) A．抗电磁干扰　　　　　　　B．防电磁信息泄露
　　　C．磁盘加密技术　　　　　　D．电源保护

试题（56）分析

本题考查物理环境安全中的介质安全。

物理安全是计算机信息系统安全的前提，物理安全主要包括场地安全、设备安全和介质安全，其中介质安全是指介质数据和介质本身的安全，介质安全目的是保护存储在介质上的信信息，磁盘加密技术属于介质安全。

参考答案

（56）C

试题（57）

以下关于网络欺骗的描述中，不正确的是 __(57)__ 。

(57) A．Web 欺骗是一种社会工程攻击

B．DNS 欺骗通过入侵网站服务器实现对网站内容的篡改

C．邮件欺骗可以远程登录邮件服务器的端口 25

D．采用双向绑定的方法可以有效阻止 ARP 欺骗

试题（57）分析

本题考查网络欺骗。

网络欺骗中的 Web 欺骗是一种社会工程攻击。邮件欺骗可以远程登录邮件服务器的端口 25。采用双向绑定的方法可以有效阻止 ARP 欺骗。而 DNS 欺骗不能实现对网站内容的篡改。

参考答案

（57）B

试题（58）

在我国，依据《中华人民共和国标准化法》可以将标准划分为：国家标准、行业标准、地方标准和企业标准 4 个层次。《信息安全技术信息系统安全等级保护基本要求》（GB/T 22239—2008）属于 __(58)__ 。

(58) A．国家标准　　B．行业标准　　C．地方标准　　D．企业标准

试题（58）分析

本题考查考生对我国的标准体系的理解。

依据《中华人民共和国标准化法》可以将标准划分为：国家标准、行业标准、地方标准和企业标准 4 个层次。其中国家标准的编号有 GB 缩写标识。

参考答案

（58）A

试题（59）

安全电子交易协议 SET 是由 VISA 和 MasterCard 两大信用卡组织联合开发的电子商务安全协议。以下关于 SET 的叙述中，不正确的是 __(59)__ 。

(59) A．SET 协议中定义了参与者之间的消息协议

B．SET 协议能够解决多方认证问题

C．SET 协议规定交易双方通过问答机制获取对方的公开密钥

D．在 SET 中使用的密码技术包括对称加密、数字签名、数字信封技术等

试题（59）分析

本题考查安全电子交易协议 SET。

安全电子交易协议 SET 是由 VISA 和 MasterCard 两大信用卡组织联合开发的电子商务安全协议。SET 协议中定义了参与者之间的消息协议，能够解决多方认证问题，在 SET 中使用的密码技术包括对称加密、数字签名、数字信封技术等。

参考答案

（59）C

试题（60）

PKI 中撤销证书是通过维护一个证书撤销列表 CRL 来实现的。以下不会导致证书被撤销的是__(60)__。

(60) A．密钥泄露　　B．系统升级　　C．证书到期　　D．从属变更

试题（60）分析

本题考查 PKI。

公钥基础设施（PKI）是一种遵循既定标准的密钥管理平台，它能够为所有网络应用提供加密和数字签名等密码服务及所必需的密钥和证书管理体系。PKI 可以解决公钥可信性问题。PKI 中撤销证书是通过维护一个证书撤销列表 CRL 来实现，一般导致证书被撤销的原因包括密钥泄露、证书到期、从属变更等。

参考答案

（60）B

试题（61）

以下关于虚拟专用网 VPN 描述错误的是__(61)__。

(61) A．VPN 不能在防火墙上实现　　B．链路加密可以用来实现 VPN
　　　C．IP 层加密可以用来实现 VPN　　D．VPN 提供机密性保护

试题（61）分析

本题考查虚拟专用网 VPN。

VPN 被定义为通过一个公用网络（通常是因特网）建立一个临时的、安全的连接，是一条穿过混乱的公用网络的安全、稳定的隧道。虚拟专用网是对企业内部网的扩展。VPN 的基本原理是：在公共通信网上为需要进行保密通信的通信双方建立虚拟的专用通信通道，并且所有传输数据均经过加密后再在网络中进行传输，这样做可以有效保证机密数据传输的安全性。所以，VPN 提供机密性保护，IP 层加密可以用来实现 VPN，链路加密也可以用来实现 VPN，VPN 能在防火墙上实现。

参考答案

（61）A

试题（62）

常见的恶意代码类型有：特洛伊木马、蠕虫、病毒、后门、Rootkit、僵尸程序、广告软件。2017 年 5 月爆发的恶意代码 WannaCry 勒索软件属于__(62)__。

(62) A．特洛伊木马　　B．蠕虫　　C．后门　　D．Rootkit

试题（62）分析

本题考查恶意代码分类。

恶意代码是指故意编制或设置的、对网络或系统会产生威胁或潜在威胁的计算机代码。最常见的恶意代码有计算机病毒（简称病毒）、特洛伊木马（简称木马）、计算机蠕虫（简称蠕虫）、后门、逻辑炸弹等。2017 年 5 月爆发的恶意代码 WannaCry 勒索软件属于蠕虫。

参考答案

（62）B

试题（63）

防火墙的安全规则由匹配条件和处理方式两部分组成。当网络流量与当前的规则匹配时，就必须采用规则中的处理方式进行处理。其中，拒绝数据包或信息通过，并且通知信息源该信息被禁止的处理方式是 __(63)__ 。

（63）A．Accept   B．Reject   C．Refuse   D．Drop

试题（63）分析

本题考查防火墙的基础知识。

防火墙是一种隔离控制技术，在某机构的网络和不安全的网络之间设置屏障，阻止对信息资源的非法访问，也可以使用防火墙阻止重要信息从企业的网络上被非法输出。防火墙的安全规则由匹配条件和处理方式两部分组成。当网络流量与当前的规则匹配时，就必须采用规则中的处理方式进行处理。其中，拒绝数据包或信息通过，并且通知信息源该信息被禁止的处理方式是 Reject。

参考答案

（63）B

试题（64）

网络流量是单位时间内通过网络设备或传输介质的信息量。网络流量状况是网络中的重要信息，利用流量监测获得的数据，不能实现的目标是 __(64)__ 。

（64）A．负载监测   B．网络纠错   C．日志监测   D．入侵检测

试题（64）分析

本题考查流量监测的基础知识。

网络流量是单位时间内通过网络设备或传输介质的信息量。网络流量状况是网络中的重要信息，利用流量监测获得的数据，能实现负载监测、网络纠错、入侵检测。

参考答案

（64）C

试题（65）

在下图给出的加密过程中，M_i，$i=1, 2, \cdots, n$ 表示明文分组，C_i，$i=1, 2, \cdots, n$ 表示密文分组，IV 表示初始序列，K 表示密钥，E 表示分组加密。该分组加密过程的工作模式是 __(65)__ 。

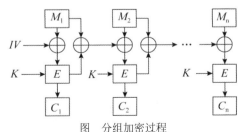

图　分组加密过程

(65) A. ECB B. CTR C. CFB D. PCBC

试题（65）分析

本题考查分组密码的工作模式。

分组密码自身只能加密长度等于密码分组长度的单块数据，若要加密变长数据，则数据必须先被划分为一些单独的密码块。分组密码的工作模式允许使用同一个分组密码密钥对多于一块的数据进行加密，并保证其安全性。分组密码的工作模式包括 ECB、CTR、CFB、PCBC。

参考答案

（65）D

试题（66）

目前网络安全形势日趋复杂，攻击手段和攻击工具层出不穷，攻击工具日益先进，攻击者需要的技能日趋下降。以下关于网络攻防的描述中，不正确的是 __(66)__ 。

(66) A. 嗅探器 Sniffer 工作的前提是网络必须是共享以太网
　　　B. 加密技术可以有效抵御各类系统攻击
　　　C. APT 的全称是高级持续性威胁
　　　D. 同步包风暴（SYNFlooding）的攻击来源无法定位

试题（66）分析

本题考查网络攻防方面的知识。

网络攻防技术中，APT 的全称是高级持续性威胁，嗅探器 Sniffer 工作的前提是网络必须是共享以太网，同步包风暴（SYNFlooding）的攻击来源无法定位，而加密技术并不能有效抵御各类系统攻击。

参考答案

（66）B

试题（67）

__(67)__ 攻击是指借助于客户机/服务器技术，将多个计算机联合起来作为攻击平台，对一个或多个目标发动 DoS 攻击，从而成倍地提高拒绝服务攻击的威力。

(67) A. 缓冲区溢出　　　　　　B. 分布式拒绝服务
　　　C. 拒绝服务　　　　　　　D. 口令

试题（67）分析

本题考查拒绝服务攻击的相关知识。

分布式拒绝服务攻击是指借助于客户机/服务器技术，将多个计算机联合起来作为攻击平台，对一个或多个目标发动 DoS 攻击，从而成倍地提高拒绝服务攻击的威力。

参考答案

（67）B

试题（68）

如果对一个密码体制的破译依赖于对某一个经过深入研究的数学难题的解决，就认为相应的密码体制是 __(68)__ 的。

(68) A. 计算安全　　B. 可证明安全　　C. 无条件安全　　D. 绝对安全

试题（68）分析

本题考查密码体制安全性分类。

密码体制安全分为计算安全、可证明安全和无条件安全三种类型。其中，如果对一个密码体制的破译依赖于对某一个经过深入研究的数学难题的解决，就认为相应的密码体制是可证明安全的。

参考答案

（68）B

试题（69）

移位密码的加密对象为英文字母，移位密码采用对明文消息的每一个英文字母向前推移固定 key 位的方式实现加密。设 $key=3$，则对应明文 MATH 的密文为__（69）__。

（69）A. OCVJ　　　　B. QEXL　　　　C. PDWK　　　　D. RFYM

试题（69）分析

本题考查移位密码体制的应用。

移位密码的加密对象为英文字母，移位密码采用对明文消息的每一个英文字母向前推移固定 key 位的方式实现加密。当 $key=3$ 时，则对应明文 MATH 的密文为 PDWK。

参考答案

（69）C

试题（70）

基于公开密钥的数字签名算法对消息进行签名和验证时，正确的签名和验证方式是__（70）__。

（70）A. 发送方用自己的公开密钥签名，接收方用发送方的公开密钥验证
　　　　B. 发送方用自己的私有密钥签名，接收方用自己的私有密钥验证
　　　　C. 发送方用接收方的公开密钥签名，接收方用自己的私有密钥验证
　　　　D. 发送方用自己的私有密钥签名，接收方用发送方的公开密钥验证

试题（70）分析

本题考查考生对于公钥密码特点的掌握情况。

密码算法根据密钥的属性可以分为对称密码和非对称密码（公钥密码）。对称加密是指加密和解密使用相同密钥的加密算法，非对称加密算法则需要两个密钥：公钥和私钥。所以，如果发送方使用的加密密钥和接收方使用的解密密钥不相同，从其中一个密钥难以推出另一个密钥的加密系统是公钥加密系统。具体应用中，发送方用自己的私有密钥签名，接收方用发送方的公开密钥验证。

参考答案

（70）D

试题（71）～（75）

The modern study of symmetric-key ciphers relates mainly to the study of block ciphers and stream ciphers and to their applications. A block cipher is, in a sense, a modern embodiment of Alberti's polyalphabetic cipher: block ciphers take as input a block of __（71）__ and a key, and output a block of ciphertext of the same size. Since messages are almost always longer than a single block, some method of knitting together successive blocks is required. Several have been developed, some with better security in one aspect or another than others. They are the mode of operations and must be carefully considered when using a block cipher in a cryptosystem.

The Data Encryption Standard (DES) and the Advanced Encryption Standard (AES) are (72) designs which have been designated cryptography standards by the US government (though DES's designation was finally withdrawn after the AES was adopted). Despite its deprecation as an official standard, DES (especially its still-approved and much more secure triple-DES variant) remains quite popular; it is used across a wide range of applications, from ATM encryption to e-mail privacy and secure remote access. Many other block ciphers have been designed and released, with considerable variation in quality.Many have been thoroughly broken.See Category:Block ciphers.

Stream ciphers, in contrast to the 'block' type, create an arbitrarily long stream of key material, which is combined (73) the plaintext bit-by-bit or character-by-character, somewhat like the one-time pad. In a stream cipher, the output (74) iscreated based on an internal state which changes as the cipher operates.That state change is controlled by the key, and, in some stream ciphers, by the plaintext stream as well. RC4 is an example of a well-known, and widely used, stream cipher; see Category:Stream ciphers.

Cryptographic hash functions (often called message digest functions) do not necessarily use keys, but are a related and important class of cryptographic algorithms. They take input data (often an entire message), and output a short fixed length hash, and do so as a one-way function. For good ones, (75) (two plaintexts which produce the same hash) are extremely difficult to find.

Message authentication codes (MACs) are much like cryptographic hash functions, except that a secret key is used to authenticate the hash value on receipt. These block an attack against plain hash functions.

（71）A. plaintext　　　　B. ciphertext　　　C. data　　　　D. hash
（72）A. stream cipher　　　　　　　　　B. hash function
　　　C. Message authentication code　　D. block cipher
（73）A. of　　　　　　　B. for　　　　　　C. with　　　　D. in
（74）A. hash　　　　　　B. stream　　　　C. ciphertext　D. plaintext
（75）A. collisions　　　　B. image　　　　 C. preimage　　D. solution

参考译文

对称密钥密码的现代研究主要涉及分组密码和流密码的研究及其应用。在某种意义上，分组密码是阿尔贝蒂多字母密码的现代体现：分组密码以明文和密钥作为输入，并输出相同大小的密文块。由于消息几乎总是比单个块长，因此需要一些将连续块编织在一起的方法。已经开发了一些，有些在某个方面比其他方面具有更好的安全性。它们是操作模式，在密码系统中使用分组密码时必须仔细考虑。

数据加密标准（DES）和高级加密标准（AES）是美国政府指定的分组密码设计（尽管

DES 的指定在 AES 被采用后最终被撤销）。尽管 DES 作为一种官方标准受到了抨击，但它（特别是它仍然被认可的、更安全的三重 DES 变体）仍然非常流行；它被广泛应用，从 ATM 加密到电子邮件隐私和安全的远程访问。许多其他的块密码已经被设计和发布，在质量上有相当大的变化。很多已经被彻底破坏了。（参见类别：分组密码）

与"块"类型不同，流密码创建任意长的密钥材料流，密钥材料流与明文逐位或逐字符组合，有点像一次一密密码本。在流密码中，输出流是基于内部状态创建的，内部状态随着密码的操作而变化。这种状态变化由密钥控制，在某些流密码中，也由明文流控制。RC4 是一个著名的、广泛使用的流密码的例子（参见类别：流密码）。

加密哈希函数（通常称为消息摘要函数）不一定使用密钥，但却是一类相关的重要加密算法。它们接受输入数据（通常是整个消息），并输出一个固定长度的短散列，作为单向函数执行此操作。对于好的冲突（产生相同散列的两个明文）是很难找到的。

消息身份验证码（MACs）与加密散列函数非常相似，只是在接收时使用密钥对散列值进行身份验证。它们阻止了对纯哈希函数的攻击。

参考答案

（71）A　（72）D　（73）C　（74）B　（75）A

第 4 章　2019 上半年信息安全工程师下午试题分析与解答

试题一（共 14 分）

阅读下列说明，回答问题 1 至问题 3，将解答填入答题纸的对应栏内。

【说明】

访问控制是保障信息系统安全的主要策略之一，其主要任务是保证系统资源不被非法使用和非常规访问。访问控制规定了主体对客体访问的限制，并在身份认证的基础上，对用户提出的资源访问请求加以控制。当前，主要的访问控制模型包括：自主访问控制（DAC）模型和强制访问控制（MAC）模型。

【问题 1】（6 分）

针对信息系统的访问控制包含哪三个基本要素？

【问题 2】（4 分）

BLP 模型是一种强制访问控制模型，请问：

（1）BLP 模型保证了信息的机密性还是完整性？

（2）BLP 模型采用的访问控制策略是上读下写还是下读上写？

【问题 3】（4 分）

Linux 系统中可以通过 ls 命令查看文件的权限，例如：文件 net.txt 的权限属性如下所示：

-rwx------ 1 root root 5025 May 25 2019 /home/abc/net.txt

请问：

（1）文件 net.txt 属于系统的哪个用户？

（2）文件 net.txt 权限的数字表示是什么？

试题一分析

本题考查系统访问控制的相关知识点，从访问控制模型的理论知识到 Linux 系统的具体实现两个方面考查考生的知识掌握情况。

问题 1 要求的是访问控制的三个基本要素，即主体、客体和授权访问。

问题 2 则是结合 BLP 的 MAC 模型。BLP 有三条强制的访问规则：简单安全规则（Simple Security Rule）、星属性安全规则（Star Property）、强星属性安全规则（Strong Star Property）。简单安全规则表示低安全级别的主体不能从高安全级别客体读取数据（上读）。星属性安全规则表示高安全级别的主体不能对低安全级别的客体写数据（下写）。强星属性安全规则表示一个主体可以对相同安全级别的客体进行读和写操作。BLP 模型解决的信息机密性。

问题 3 则是结合 Linux 系统来考查访问控制相关知识。

根据 Linux 系统 ls 命令的输出，net.txt 文件属于 root，而且根据给出的权限字符串

"rwx------"其数字表示为 700。
参考答案
【问题 1】
　　主体（2 分）、客体（2 分）和授权访问。
　　注：三个基本要素的顺序无关。
【问题 2】
　　（1）机密性
　　（2）下读上写
【问题 3】
　　（1）root
　　（2）700

试题二（共 13 分）
　　阅读下列说明和表，回答问题 1 至问题 3，将解答填入答题纸的对应栏内。
【说明】
　　密码学作为信息安全的关键技术，在信息安全领域有着广泛的应用。密码学中，根据加密和解密过程所采用密钥的特点可以将密码算法分为两类：对称密码算法和非对称密码算法。此外，密码技术还用于信息鉴别、数据完整性检验、数字签名等。
【问题 1】（6 分）
　　信息安全的基本目标包括真实性、保密性、完整性、不可否认性、可控性、可用性、可审查性等。密码学的三大安全目标 C.I.A 分别表示什么？
【问题 2】（5 分）
　　仿射密码是一种典型的对称密码算法。仿射密码体制的定义如下：
　　令明文和密文空间 $M = C = Z_{26}$，密钥空间 $K = \{(k_1,k_2) \in Z_{26} \times Z_{26} : \gcd(k_1,26) = 1\}$。对任意的密钥 $key = (k_1,k_2) \in K, x \in M, y \in C$，定义加密和解密的过程如下：
　　加密：$e_{key}(x) = (k_1 x + k_2) \bmod 26$
　　解密：$d_{key}(y) = k_1^{-1}(y - k_2) \bmod 26$
　　其中，k_1^{-1} 表示 k_1 在 Z_{26} 中的乘法逆元，即 k_1^{-1} 乘以 k_1 对 26 取模等于 1，$\gcd(k_1,26) = 1$ 表示 k_1 与 26 互素。
　　设已知仿射密码的密钥 $key = (11,3)$，英文字符和整数之间的对应关系如表 2-1 所示，则：

表 2-1

A	B	C	D	E	F	G	H	I	J	K	L	M
00	01	02	03	04	05	06	07	08	09	10	11	12
N	O	P	Q	R	S	T	U	V	W	X	Y	Z
13	14	15	16	17	18	19	20	21	22	23	24	25

　　整数 11 在 Z_{26} 中的乘法逆元是多少？
　　假设明文消息为"SEC"，相应的密文消息是什么？

【问题 3】（2 分）

根据表 2.1 的对应关系，仿射密码中，如果已知明文"E"对应密文"C"，明文"T"对应密文"F"，则相应的 $key=(k_1,k_2)$ 等于多少？

试题二分析

本题考查古典密码学中的仿射密码以及基本的整数乘法逆元的计算。

问题 1 是对信息安全三大基本的安全目标的认知，而且给出缩写表示，其中 C 表示保密性，就是 Confidentiality；I 表示完整性，就是 Integrity；A 表示可用性，就是 Availability。

问题 2 是对仿射密码的具体操作和计算题目。首先根据题目给出 key，计算 11 的乘法逆元，也就是满足和 11 相乘对 26 取模以后等于 1 的数，简单的枚举即可知道逆元是 19。显然 $11 \times 19 = 209 \bmod 26 = 1$。得到逆元以后，就可得到解密公式：

$$P = 19 \times (C-3) \bmod 26$$

而对应的加密公式是：

$$C = (11 \times P + 3) \bmod 26$$

由此计算得到对应的密文是：TVZ

对于问题 3，根据已知明文和密文对，可以得到两个线性方程，然后解方程即可得到密钥。对应方程如下：

$$2 = (k_1 \times 4 + k_2) \bmod 26$$
$$5 = (k_1 \times 19 + k_2) \bmod 26$$

可得：$k_1=21$，$k_2=22$。

参考答案

【问题 1】

保密性、完整性、可用性。

【问题 2】

（1）19

（2）TVZ

【问题 3】

$key = (21,22)$

试题三（共 12 分）

阅读下列说明，回答问题 1 至问题 5，将解答填入答题纸的对应栏内。

【说明】

假设用户 A 和用户 B 为了互相验证对方的身份，设计了如下通信协议：

1. A→B：R_A
2. B→A：$f(P_{AB} \| R_A) \| R_B$
3. A→B：$f(P_{AB} \| \underline{\qquad})$

其中，R_A、R_B 是随机数，P_{AB} 是双方事先约定并共享的口令，"$\|$"表示连接操作。f 是哈希函数。

【问题 1】（2 分）

身份认证可以通过用户知道什么、用户拥有什么和用户的生理特征等方法来验证。请问上述通信协议是采用哪种方法实现的？

【问题 2】（2 分）

根据身份的互相验证需求，补充协议第 3 步的空白内容。

【问题 3】（2 分）

通常哈希函数 f 需要满足下列性质：单向性、抗弱碰撞性、抗强碰撞性。如果某哈希函数 f 具备：找到任何满足 $f(x)=f(y)$ 的偶对 (x, y) 在计算上是不可行的，请说明其满足哪条性质。

【问题 4】（2 分）

上述协议不能防止重放攻击，以下哪种改进方式能使其防止重放攻击？

（1）在发送消息加上时间参数。

（2）在发送消息加上随机数。

【问题 5】（4 分）

如果将哈希函数替换成对称加密函数，是否可以提高该协议的安全性？为什么？

试题三分析

本题考查密码协议的安全分析能力。

问题 1：根据身份认证双方所需要知道的是事先约定并共享的口令，因此题目所给的认证是基于用户知道什么来进行身份识别的。

问题 2：是第一步，用户 A 给用户 B 发送一个随机数；第二步用户 B 返回给用户 A 一个哈希值，这个哈希值是通过双方共享的口令和随机数来计算得到的；第三步需要用户 A 给用户 B 返回表示自己真的是用户 A 的身份信息，因此计算哈希值需要口令信息，同时避免重放攻击，还需要有随机数参与运算。因此填空当中只要有用户 B 的随机数即可。

问题 3：根据哈希函数抗碰撞性的定义，题目所给条件属于抗强碰撞性。

问题 4：显然加入时间信息更有利于抗重放类的攻击。

问题 5：把哈希函数替换为加密函数不能提高协议的安全性，而且从强度上来说，哈希函数比加密函数有更好的不可逆特性。

参考答案

【问题 1】

基于用户知道什么实现身份验证。

【问题 2】

R_B 或者 $R_B||R_A$。

【问题 3】

强抗碰撞性。

【问题 4】

（1）或者"加入时间参量"。

【问题 5】

没有提高安全性。

尽管加密函数也可以实现认证功能，但是从单向性要求上，加密函数显然没有哈希函数的安全性高。

试题四（共 19 分）

阅读下列说明和表，回答问题 1 至问题 4，将解答填入答题纸的对应栏内。

【说明】

防火墙类似于我国古代的护城河，可以阻挡敌人的进攻。在网络安全中，防火墙主要用于逻辑隔离外部网络与受保护的内部网络。防火墙通过使用各种安全规则来实现网络的安全策略。

防火墙的安全规则由匹配条件和处理方式两个部分共同构成。网络流量通过防火墙时，根据数据包中的某些特定字段进行计算以后如果满足匹配条件，就必须采用规则中的处理方式进行处理。

【问题 1】（5 分）

假设某企业内部网（202.114.63.0/24）需要通过防火墙与外部网络互连，其防火墙的过滤规则实例如表 4-1 所示。

表 4-1

序号	源地址	源端口	目的地址	目的端口	协议	ACK	动作（处理方式）
A	202.114.63.0/24	>1024	*	80	TCP	*	accept
B	*	80	202.114.63.0/24	>1024	TCP	Yes	accept
C	*	>1024	202.114.64.125	80	TCP	*	accept
D	202.114.64.125	80	*	>1024	TCP	Yes	accept
E	202.114.63.0/24	>1024	*	（1）	UDP	*	accept
F	*	53	202.114.63.0/24	>1024	UDP	*	accept
G	*	*	*	*	*	*	（2）

注：表中"*"表示通配符，任意服务端口都有两条规则。

请补充表 4-1 中的内容（1）和（2），并根据上述规则表给出该企业对应的安全需求。

【问题 2】（4 分）

一般来说，安全规则无法覆盖所有的网络流量。因此防火墙都有一条默认（缺省）规则，该规则能覆盖事先无法预料的网络流量。请问缺省规则的两种选择是什么？

【问题 3】（6 分）

请给出防火墙规则中的三种数据包处理方式。

【问题 4】（4 分）

防火墙的目的是实施访问控制和加强站点安全策略，其访问控制包含四个方面的内容：服务控制、方向控制、用户控制和行为控制。请问表 4-1 中，规则 A 涉及访问控制的哪几个方面的内容？

试题四分析

本题考查防火墙有关的知识点。

问题1：通过对表4-1的分析，序号AB对应的规则主要是满足内部网访问互联网的需求，序号CD对应的规则表示外部网络只能访问201.114.64.125提供的Web服务，序号EF对应的规则是配合序号AB的外网访问请求所涉及的域名解析（端口号：53）。最后序号G所对应的就是其余网络访问请求都被拒绝。由此表中的空格应该分别填写（1）53，（2）丢弃或者drop。

问题2：防火墙的两种默认规则就是要么允许都通过，要么都不让过。也就是：默认拒绝，指的是一切没有被允许的就是禁止的；默认允许，指的是一切没有被禁止的就是允许的。

问题3：防火墙对数据分组的处理方式主要有以下三种：

（1）接受（Accept）：允许数据包或者信息通过。

（2）拒绝（Reject）：拒绝数据包或者信息通过，并且通知信息源该信息被禁止。

（3）丢弃（Drop）：直接将数据包或者信息丢弃，并且不通知信息源。

问题4：规则A只规定了内部网访问外部网络的80口的特定服务的过滤规则，设计服务控制和方向控制。

参考答案

【问题1】

（1）53

（2）丢弃或者drop

需求1：允许内部用户访问外部网络的网页服务器。

需求2：允许外部用户访问内部网络的网页服务器。

需求3：除1和2以外禁止其他任何网络流量通过该服务器。

【问题2】

默认拒绝：默认拒绝指的是一切没有被允许的就是禁止的。

默认允许：默认允许指的是一切没有被禁止的就是允许的。

【问题3】

接受（Accept）：允许数据包或者信息通过。

拒绝（Reject）：拒绝数据包或者信息通过，并且通知信息源该信息被禁止。

丢弃（Drop）：直接将数据包或者信息丢弃，并且不通知信息源。

【问题4】

服务控制和方向控制。

试题五（共17分）

阅读下列说明和图，回答问题1至问题4，将解答填入答题纸的对应栏内。

【说明】

信息系统安全开发生命周期（Security Development Life Cycle，SDLC）是微软提出的从安全角度指导软件开发过程的管理模式，它将安全纳入信息系统开发生命周期的所有阶段，各阶段的安全措施与步骤如图5-1所示。

```
培训 → 需求 → 设计 → 实现 → 验证 → 发布 → 响应
```

| 核心安全培训 | 安全需求/质量门/Bug级别/安全隐私/风险评估 | 设计需求/分析攻击面/威胁建模 | 使用批准工具/禁用不安全函数/静态分析 | 动态分析/模糊测试/攻击面验证 | 事故响应计划/最终安全检查/发布归档 | 执行事故响应计划 |

图 5-1

【问题 1】（4 分）

在培训阶段，需要对员工进行安全意识培训，要求员工向弱口令说不！针对弱口令最有效的攻击方式是什么？以下口令中，密码强度最高的是_____。

  A．security2019   B．2019Security

  C．Security@2019   D．Security2019

【问题 2】（6 分）

在大数据时代，个人数据正被动地被企业搜集并利用。在需求分析阶段，需要考虑采用隐私保护技术防止隐私泄露。从数据挖掘的角度，隐私保护技术主要有：基于数据失真的隐私保护技术、基于数据加密的隐私保护技术、基于数据匿名隐私保护技术。

请问以下隐私保护技术分别属于上述三种隐私保护技术的哪一种？

（1）随机化过程修改敏感数据。

（2）基于泛化的隐私保护技术。

（3）安全多方计算隐私保护技术。

【问题 3】（4 分）

有下述口令验证代码：

```c
#define PASSWORD "1234567"
int verify_password(char *password)
{
  int authenticated;
  char buffer[8];
  authenticated=strcmp(password,PASSWORD);
  strcpy(buffer,password);
  return authenticated;
}
int main(int argc, char* argv[])
{
  int valid_flag=0;
  char password[1024];
  while(1)
```

```
{
  printf("please input password: ");
  scanf("%s",password);
  valid_flag=verify_password(password);  //验证口令
  if(valid_flag)  //口令无效
  {
    printf("incorrect password!\n\n");
  }
  else  //口令有效
  {
    printf("Congratulation! You have passed the verification!\n");
    break;
  }
}
```

其中，main 函数在调用 verify_password 函数进行口令验证时，堆栈的布局如图 5-2 所示。

图 5-2

请问调用 verify_password 函数的参数满足什么条件，就可以在不知道真实口令的情况下绕过口令验证功能？

【问题 4】（3 分）

SDLC 安全开发模型的实现阶段给出了三种可以采取的安全措施，请结合问题 3 的代码举例说明。

试题五分析

本题考查安全编码和安全开发模型的相关知识点。

问题 1：讨论的是弱口令和安全意识问题，那么针对弱口令可以采取的最有效方法就是猜或者爆破。从口令的复杂度（长度、字符组成）要求来说，显然选项 C 是最复杂的（包含了大小写、数字和其他字符）。

问题 2：根据隐私保护技术的相关定义，通过随机化过程修改敏感数据属于对数据失真的隐私保护技术，而基于泛化的隐私保护技术则是消除隐私信息，属于匿名化的处理，因此属于数据的匿名隐私保护，而通过安全多方计算主要依据的是加密的思想，因此属于数据加密类型的隐私保护技术。

问题 3：题目中的图 5-2 已经给出了变量 buff 和 authenticated 在堆栈中的布局，由于图中地址是上低下高，strcpy 函数在完成拷贝操作时，会从 buff 数组的第一个元素开始向 authenticated 变量方向写入拷贝的内容，因此只要写入完整的 8 个字符再加上拷贝结束自动加入的字符串结束标志"\0"，即可导致变量 authenticated 等于 0，从而影响最终判断。

问题 4：根据 SDLC 的安全开发模型，在实现阶段主要是针对编码过程中可以采取的安全措施如下：

- 使用批准工具：例如打开 VS 开发工具提供的安全编译选项。
- 禁用危险函数：例如禁止使用或者替换代码中的 strcpy、scanf 危险函数。
- 静态分析工具：例如采用代码审计工具，如 Fortify 工具。

参考答案

【问题 1】

口令爆破或者穷举。

C 或者 Security@2019。

【问题 2】

（1）基于数据失真的隐私保护技术。

（2）基于数据匿名隐私保护。

（3）基于数据加密的隐私保护。

【问题 3】

完整 8 个字符即可。

【问题 4】

安全措施：

使用批准工具（安全编译工具）；

禁用危险函数（例如代码中的 strcpy、scanf）；

静态分析工具。

第 5 章 2020 下半年信息安全工程师上午试题分析与解答

试题（1）
2019 年 10 月 26 日，十三届全国人大常委会第十四次会议表决通过了《中华人民共和国密码法》，该法律自__(1)__起施行。

（1）A．2020 年 10 月 1 日　　　　　B．2020 年 12 月 1 日
　　　C．2020 年 1 月 1 日　　　　　 D．2020 年 7 月 1 日

试题（1）分析
本题考查网络安全法律法规的相关知识。

《中华人民共和国密码法》由中华人民共和国第十三届全国人民代表大会常务委员会第十四次会议于 2019 年 10 月 26 日通过，自 2020 年 1 月 1 日起施行。

参考答案
（1）C

试题（2）
根据自主可控的安全需求，近些年国密算法和标准体系受到越来越多的关注，基于国密算法的应用也得到了快速发展。我国国密标准中的杂凑算法是__(2)__。

（2）A．SM2　　　B．SM3　　　C．SM4　　　D．SM9

试题（2）分析
本题考查我国密码算法方面的基础知识。

国家密码局认定的国产密码算法主要有 SM1（SCB2）、SM2、SM3、SM4、SM7、SM9、祖冲之密码算法（ZUC）等。其中 SM1、SM4、SM7、祖冲之密码（ZUC）是对称算法；SM2、SM9 是非对称算法；SM3 是哈希算法。

参考答案
（2）B

试题（3）
信息安全产品通用评测标准 ISO/IEC15408—1999《信息技术、安全技术、信息技术安全性评估准则》（简称 CC），该标准分为三个部分：第 1 部分"简介和一般模型"、第 2 部分"安全功能需求"和第 3 部分"安全保证要求"，其中__(3)__属于第 2 部分的内容。

（3）A．评估保证级别　　　　　　B．基本原理
　　　C．保护轮廓　　　　　　　　D．技术要求

试题（3）分析
本题考查国际安全标准 ISO/IEC 15408 方面的基础知识。

选项 A 属于第 3 部分的内容，选项 B、C 属于第 1 部分的内容，选项 D 属于第 2 部分的内容。

参考答案

（3）D

试题（4）

从网络安全的角度看，网络安全防护系统的设计与实现必须遵守一些基本原则，其中要求网络安全防护系统是一个多层安全系统，避免成为网络中的"单失效点"，要部署有多重防御系统，该原则是__（4）__。

（4）A．纵深防御原则　　　　　　B．木桶原则

　　　C．最小特权原则　　　　　　D．最小泄露原则

试题（4）分析

本题考查网络安全的基本设计原则。

纵深防御原则要求将安全性应用于网络的不同层，其工作原理是为每个层提供不同类型和程度的保护，以提供多点攻击防护。

参考答案

（4）A

试题（5）

为确保关键信息基础设施供应链安全，维护国家安全，依据__（5）__，2020 年 4 月 27 日，国家互联网信息办公室等 12 个部门联合发布了《网络安全审查办法》，该办法自 2020 年 6 月 1 日实施，将重点评估采购网络产品和服务可能带来的国家安全风险。

（5）A．《中华人民共和国国家安全法》和《中华人民共和国网络安全法》

　　　B．《中华人民共和国国家保密法》和《中华人民共和国网络安全法》

　　　C．《中华人民共和国国家安全法》和《网络安全等级保护条例》

　　　D．《中华人民共和国国家安全法》和《中华人民共和国国家保密法》

试题（5）分析

本题考查网络安全相关法律法规知识。

在《中华人民共和国国家安全法》和《中华人民共和国网络安全法》中，有相关条款对网络产品和服务的采购有相应要求。

参考答案

（5）A

试题（6）

密码学根据研究内容可以分为密码编制学和密码分析学。研究密码编制的科学称为密码编制学，研究密码破译的科学称为密码分析学。密码分析学中，根据密码分析者可利用的数据资源，可将攻击密码的类型分为四类，其中适于攻击计算机文件系统和数据库系统的是__（6）__。

（6）A．仅知密文攻击　　　　　　B．已知明文攻击

　　　C．选择明文攻击　　　　　　D．选择密文攻击

试题（6）分析

本题考查密码学方面的基础知识。

选择明文攻击指攻击者知道加密算法，并可通过选择对攻击有利的特定明文及其对应的密文，求解密钥或从截获的密文求解相应明文的密码分析方法。文件系统和数据库系统均存储大量密文信息，所以攻击者可指定明文来碰撞对应的密文，从而达到攻击目的。

参考答案

（6）C

试题（7）

以下关于认证和加密的表述中，错误的是__(7)__。

（7）A．加密用以确保数据的保密性
　　　B．认证用以确保报文发送者和接收者的真实性
　　　C．认证和加密都可以阻止对手进行被动攻击
　　　D．身份认证的目的在于识别用户的合法性，阻止非法用户访问系统

试题（7）分析

本题考查身份认证技术和加密技术的基本功能。

身份认证是来识别用户是否合法，常用的是基于用户知道的（如口令）、基于用户拥有的和生物特征等技术，上述信息在进行身份认证时，如传输时被嗅探（典型的被动攻击）则有可能造成身份信息泄露。因此身份认证无法阻止被动攻击。

参考答案

（7）C

试题（8）

为了保护用户的隐私，需要了解用户所关注的隐私数据。当前，个人隐私信息分为一般属性、标识属性和敏感属性，以下属于敏感属性的是__(8)__。

（8）A．姓名　　　　B．年龄　　　　C．肖像　　　　D．财物收入

试题（8）分析

本题考查用户隐私方面的基础知识。

敏感属性包括个人财产信息、个人健康生理信息、个人生物识别信息、个人身份信息、网络身份标识信息等。

参考答案

（8）D

试题（9）

访问控制是对信息系统资源进行保护的重要措施，适当的访问控制能够阻止未经授权的用户有意或者无意地获取资源。计算机系统中，访问控制的任务不包括__(9)__。

（9）A．审计　　　　　　　　　　　　B．授权
　　　C．确定存取权限　　　　　　　　D．实施存取权限

试题（9）分析

本题考查访问控制方面的基础知识。

计算机系统安全机制的主要目的是访问控制，它包括三个任务：
① 授权：确定哪些主体有权访问哪些客体。
② 确定访问权限（读、写、执行、删除、追加等存取方式的组合）。
③ 实施访问权限。

参考答案

（9）A

试题（10）

一台连接在以太网内的计算机为了能和其他主机进行通信，需要有网卡支持。网卡接收数据帧的状态有：unicast、broadcast、multicast、promiscuous 等，其中能接收所有类型数据帧的状态是__(10)__。

（10）A．unicast　　　B．broadcast　　　C．multicast　　　D．promiscuous

试题（10）分析

本题考查网卡接收数据帧状态方面的基础知识。

unicast 是指网卡在工作时接收目的地址是本机硬件地址的数据帧，broadcast 是指接收所有类型为广播报文的数据帧，multicast 是指接收特定的组播报文，promiscuous 则是通常说的混杂模式，是指对报文中的目的硬件地址不加任何检查而全部接收的工作模式。

参考答案

（10）D

试题（11）

数字签名是对以数字形式存储的消息进行某种处理，产生一种类似于传统手书签名功效的信息处理过程，一个数字签名体制包括：施加签名和验证签名。其中 SM2 数字签名算法的设计是基于__(11)__。

（11）A．背包问题　　　　　　　　　　　B．椭圆曲线问题
　　　　C．大整数因子分解问题　　　　　　D．离散对数问题

试题（11）分析

本题考查 SM2 数字签名方面的基础知识。

SM2 是基于椭圆曲线的数字签名算法。

参考答案

（11）B

试题（12）

由于 Internet 规模太大，常把它划分成许多小的自治系统，通常把自治系统内部的路由协议称为内部网关协议，自治系统之间的协议称为外部网关协议。以下属于外部网关协议的是__(12)__。

（12）A．RIP　　　　　B．OSPF　　　　　C．BGP　　　　　D．UDP

试题（12）分析

本题考查路由协议方面的基础知识。

内部网关协议（IGP）是在 AS（自治系统）内部使用的协议，常用的有 OSPF、ISIS、

RIP、EIGRP。外部网关协议（EGP）是在 AS（自治系统）外部使用的协议，常用的有 BGP。

参考答案

（12）C

试题（13）

Sniffer 可以捕获到达主机端口的网络报文。Sniffer 分为软件和硬件两种，以下工具属于硬件的是__(13)__。

（13）A．NetXray　　　B．Packetboy　　　C．Netmonitor　　　D．协议分析仪

试题（13）分析

本题考查网络嗅探器方面的基础知识。

Sniffer 即网络嗅探器，软件有 NetXray、Packetboy、Netmonitor、Sniffer Pro、WireShark、WinNetCap 等，而硬件的 Sniffer 通常称为协议分析仪。

参考答案

（13）D

试题（14）

所有资源只能由授权方或以授权的方式进行修改，即信息未经授权不能进行改变的特性是指信息的__(14)__。

（14）A．完整性　　　B．可用性　　　C．保密性　　　D．不可抵赖性

试题（14）分析

本题考查信息安全三要素方面的基础知识。

完整性原则（信息安全三要素之一）指用户、进程或者硬件组件具有能力，能够验证所发送或传送的东西的准确性，并且进程或硬件组件不会被以任何方式改变。

参考答案

（14）A

试题（15）

在 Windows 操作系统下，要获取某个网络开放端口所对应的应用程序信息，可以使用命令__(15)__。

（15）A．ipconfig　　　B．traceroute　　　C．netstat　　　D．nslookup

试题（15）分析

本题考查 Windows 操作系统命令的基础知识。

netstat 命令是一个监控 TCP/IP 网络的非常有用的工具，它可以显示路由表、实际的网络连接以及每一个网络接口设备的状态信息。netstat 命令的-p 选项可以显示正在使用 Socket 的程序识别码和程序名称。

参考答案

（15）C

试题（16）

报文内容认证使接收方能够确认报文内容的真实性，产生认证码的方式不包括__(16)__。

（16）A．报文加密　　　B．数字水印　　　C．MAC　　　D．HMAC

试题（16）分析

本题考查消息认证码方面的基础知识。

产生认证码的方法有以下三种：

① 报文加密。

② 消息认证码（MAC）。

③ 基于 hash 函数的消息认证码（HMAC）。

参考答案

（16）B

试题（17）

VPN 即虚拟专用网，是一种依靠 ISP 和其他 NSP 在公用网络中建立专用的、安全的数据通信通道的技术。以下关于虚拟专用网 VPN 的描述中，错误的是__（17）__。

(17) A．VPN 采用隧道技术实现安全通信

B．第 2 层隧道协议 L2TP 主要由 LAC 和 LNS 构成

C．IPSec 可以实现数据的加密传输

D．点对点隧道协议 PPTP 中的身份验证机制包括 RAP、CHAP、MPPE

试题（17）分析

本题考查虚拟专用网（VPN）方面的基础知识。

VPN 的隧道协议主要有 PPTP、L2TP 和 IPSec 三种，其中 PPTP 和 L2TP 协议工作在 OSI 模型的第二层，又称为第二层隧道协议；IPSec 是第三层隧道协议。PPTP 通常可以搭配 PAP、CHAP、MS-CHAPv1/v2 或 EAP-TLS 来进行身份验证。

参考答案

（17）D

试题（18）

雪崩效应指明文或密钥的少量变化会引起密文的很大变化。下列密码算法中不具有雪崩效应的是__（18）__。

(18) A．AES　　　　B．MD5　　　　C．RC4　　　　D．RSA

试题（18）分析

本题考查密码设计雪崩效应方面的基础知识。

雪崩效应通常发生在块密码和加密散列函数中，RSA 为公钥密码。

参考答案

（18）D

试题（19）

移动终端设备常见的数据存储方式包括：①SharedPreferences；②文件存储；③SQLite 数据库；④ContentProvider；⑤网络存储。Android 系统支持的数据存储方式包括__（19）__。

(19) A．①②③④⑤　　　　　　　　B．①③⑤

C．①②④⑤　　　　　　　　D．②③⑤

第 5 章　2020 下半年信息安全工程师上午试题分析与解答

试题（19）分析

本题考查 Android 系统数据存储方面的基础知识。

Android 平台进行数据存储的方式包括：

（1）使用 SharedPreferences 存储数据。

（2）文件存储数据。

（3）SQLite 数据库存储数据。

（4）使用 ContentProvider 存储数据。

（5）网络存储数据。

参考答案

（19）A

试题（20）

数字水印技术通过在数字化的多媒体数据中嵌入隐蔽的水印标记，可以有效实现对数字多媒体数据的版权保护等功能。数字水印的解释攻击是以阻止版权所有者对所有权的断言为攻击目的。以下不能有效解决解释攻击的方案是　（20）　。

（20）A．引入时间戳机制

　　　B．引入验证码机制

　　　C．作者在注册水印序列的同时对原作品加以注册

　　　D．利用单向水印方案消除水印嵌入过程中的可逆性

试题（20）分析

本题考查数字水印的攻击方面的基础知识。

目前，由解释攻击所引起的无法仲裁的版权纠纷的解决方案主要有三种：第一种方法是引入时戳机制，从而确定两个水印被嵌入的先后顺序；第二种方法是作者在注册水印序列的同时对原始作品加以注册，以便于增加对原始图像的检测；第三种方法是利用单向水印方案消除水印嵌入过程中的可逆性。其中前两种都是对水印的使用环境加以限制，最后一种则是对解释攻击的条件加以破坏。

参考答案

（20）B

试题（21）

僵尸网络是指采用一种或多种传播手段，将大量主机感染 bot 程序，从而在控制者和被感染主机之间形成的一个可以一对多控制的网络。以下不属于僵尸网络传播过程常见方式的是　（21）　。

（21）A．主动攻击漏洞　　　　　　　B．恶意网站脚本

　　　C．字典攻击　　　　　　　　　D．邮件病毒

试题（21）分析

本题考查僵尸网络方面的基础知识。

僵尸网络在传播过程中有如下几种手段：主动攻击漏洞、邮件病毒、即时通信软件、恶意网站脚本、特洛伊木马。

参考答案

（21）C

试题（22）

计算机取证分析工作中常用到包括密码破译、文件特征分析技术、数据恢复与残留数据分析、日志记录文件分析、相关性分析等技术，其中文件特征包括文件系统特征、文件操作特征、文件格式特征、代码或数据特征等。某单位网站被黑客非法入侵并上传了 Webshell，作为安全运维人员应首先从__（22）__入手。

（22）A．Web 服务日志　　　　　B．系统日志
　　　C．防火墙日志　　　　　　D．交换机日志

试题（22）分析

本题考查取证分析方面的基础知识。

网站被入侵且上传了 Webshell，应首先查看 Web 服务日志。

参考答案

（22）A

试题（23）

操作系统的安全机制是指在操作系统中利用某种技术、某些软件来实施一个或多个安全服务的过程。操作系统的安全机制不包括__（23）__。

（23）A．标识与鉴别机制　　　　B．访问控制机制
　　　C．密钥管理机制　　　　　D．安全审计机制

试题（23）分析

本题考查操作系统安全机制方面的基础知识。

操作系统的安全机制包括安全审计机制、可信路径机制、标识与鉴别机制、客体重用机制、访问控制机制。

参考答案

（23）C

试题（24）

恶意代码是指为达到恶意目的而专门设计的程序或代码，恶意代码的一般命名格式为：<恶意代码前缀>.<恶意代码名称>.<恶意代码后缀>，常见的恶意代码包括：系统病毒、网络蠕虫、特洛伊木马、宏病毒、后门程序、脚本病毒、捆绑机病毒等。以下属于脚本病毒前缀的是__（24）__。

（24）A．Worm　　　B．Trojan　　　C．Binder　　　D．Script

试题（24）分析

本题考查恶意代码方面的基础知识。

脚本病毒的前缀是 Script。

参考答案

（24）D

试题（25）

蜜罐技术是一种主动防御技术，是入侵检测技术的一个重要发展方向。蜜罐有四种不同的配置方式：诱骗服务、弱化系统、强化系统和用户模式服务器，其中在特定IP服务端口进行侦听，并对其他应用程序的各种网络请求进行应答，这种应用程序属于__(25)__。

(25) A．诱骗服务　　　　　　　　　　B．弱化系统
　　　C．强化系统　　　　　　　　　　D．用户模式服务器

试题（25）分析

本题考查蜜罐安全技术。

诱骗服务是指在特定IP服务端口上进行侦听，并像其他应用程序那样对各种网络请求进行应答的应用程序。通常只有攻击者才会去访问蜜罐，正常用户是不知道蜜罐的存在的。

参考答案

(25) A

试题（26）

已知DES算法S盒如下，如果该S盒的输入为001011，则其二进制输出为__(26)__。

	0	1	2	3	4	5	6	7	8	9	10	11	12	13	14	15
0	12	1	10	15	9	2	6	8	0	13	3	4	14	7	5	11
1	10	15	4	2	7	12	9	5	6	1	13	14	0	11	3	8
2	9	14	15	5	2	8	12	3	7	0	4	10	1	13	11	6
3	4	3	2	12	9	5	15	10	11	14	1	7	6	0	8	13

(26) A．1011　　　　B．1100　　　　C．0011　　　　D．1101

试题（26）分析

本题考查分组密码算法DES的S盒。

S盒的输入长度等于6，6个比特的第一和第六比特代表行，题中所给为01（=1），中间4个比特代表列，题中所给为0101（=5），因此对应上述S盒中的元素值为12，表示为二进制即为1100。

参考答案

(26) B

试题（27）

域名系统DNS的功能是把Internet中的主机域名解析为对应的IP地址，目前顶级域名（TLD）有国家顶级域名、国际顶级域名、通用顶级域名三大类。最早的顶级域名中，表示非营利组织域名的是__(27)__。

(27) A．net　　　　B．org　　　　C．mil　　　　D．biz

试题（27）分析

本题考查域名系统方面的基础知识。

代表非营利组织的机构域名是org。

参考答案

(27) B

试题（28）

SMTP 是一种提供可靠有效的电子邮件传输的协议，采用客户服务器的工作方式，在传输层使用 TCP 协议进行传输。SMTP 发送协议中，传送报文文本的指令是__（28）__。

（28）A．HELO B．HELP C．SEND D．DATA

试题（28）分析

本题考查邮件传输协议 SMTP 的基础知识。

客户端用"DATA"命令对报文的传送进行初始化，若服务器回应"354"，表示可以进行邮件输入。

参考答案

（28）D

试题（29）

有线等效保密协议 WEP 是 IEEE 802.11 标准的一部分，其为了实现机密性采用的加密算法是__（29）__。

（29）A．DES B．AES C．RC4 D．RSA

试题（29）分析

本题考查无线局域网的安全加密技术。

IEEE 802.11 标准的 WEP 协议采用的流密码算法，其对应的加密算法是 RC4。选项 A、B 给出的是分组密码算法，选项 D 给出的是公钥密码算法。

参考答案

（29）C

试题（30）

片内操作系统 COS 是智能卡芯片内的一个监控软件，一般由通信管理模块、安全管理模块、应用管理模块和文件管理模块四个部分组成。其中对接收命令进行可执行判断是属于__（30）__。

（30）A．通信管理模块 B．安全管理模块
　　　C．应用管理模块 D．文件管理模块

试题（30）分析

本题考查片内操作系统方面的基础知识。

应用管理模块的主要任务是对接收命令进行可执行性判断。

参考答案

（30）C

试题（31）

PKI 是一种标准的公钥密码的密钥管理平台，数字证书是 PKI 的基本组成部分。在 PKI 中，X.509 数字证书的内容不包括__（31）__。

（31）A．加密算法标识 B．签名算法标识
　　　C．版本号 D．主体的公开密钥信息

试题（31）分析

本题考查 PKI 方面的基础知识。

X.509 数字证书内容包括：版本号、序列号、签名算法标识、发行者名称、有效期、主体名称、主体公钥信息、发行者唯一标识符、主体唯一识别符、扩充域、CA 的签名等，不包括加密算法标识。

参考答案

（31）A

试题（32）

SM4 算法是国家密码管理局于 2012 年 3 月 21 日发布的一种分组密码算法，在我国商用密码体系中，SM4 主要用于数据加密。SM4 算法的分组长度和密钥长度分别为__(32)__。

(32) A．128 位和 64 位　　　　　　　B．128 位和 128 位
　　　C．256 位和 128 位　　　　　　　D．256 位和 256 位

试题（32）分析

本题考查我国国密算法方面的基础知识。

SM4 算法的分组长度为 128 位，密钥长度为 128 位。加密算法与密钥扩展算法都采用 32 轮非线性迭代结构。解密算法与加密算法的结构相同，只是轮密钥的使用顺序相反，解密轮密钥是加密轮密钥的逆序。

参考答案

（32）B

试题（33）

在 PKI 体系中，注册机构 RA 的功能不包括__(33)__。

(33) A．签发证书　　　　　　　　　　B．认证注册信息的合法性
　　　C．批准证书的申请　　　　　　　D．批准撤销证书的申请

试题（33）分析

本题考查 PKI 的注册机构方面的基础知识。

签发证书是证书机构 CA 的功能，不属于注册机构 RA 的功能。

参考答案

（33）A

试题（34）

下列关于数字签名说法中，正确的是__(34)__。

(34) A．验证和解密过程相同　　　　　　B．数字签名不可改变
　　　C．验证过程需要用户私钥　　　　　D．数字签名不可信

试题（34）分析

本题考查数字签名方面的基础知识。

数字签名是可信的、不容易被伪造的、不容抵赖的，而且是不可改变的。数字签名的验证与解密过程不同，验证过程需要用户的公钥。

参考答案
　　（34）B

试题（35）
　　2001年11月26日，美国政府正式颁布AES为美国国家标准。AES算法的分组长度为128位，其可选的密钥长度不包括__(35)__。
　　（35）A．256位　　　　B．192位　　　　C．128位　　　　D．64位

试题（35）分析
　　本题考查分组加密AES密码算法方面的基础知识。
　　AES的密钥长度可以为16、24或者32字节，也就是128、192、256位。

参考答案
　　（35）D

试题（36）
　　以下关于BLP安全模型的表述中，错误的是__(36)__。
　　（36）A．BLP模型既有自主访问控制，又有强制访问控制
　　　　　B．BLP模型是一个严格形式化的模型，并给出了形式化的证明
　　　　　C．BLP模型控制信息只能由高向低流动
　　　　　D．BLP是一种多级安全策略模型

试题（36）分析
　　本题考查BLP安全模型方面的基础知识。
　　BLP是安全访问控制的一种模型，是基于自主访问控制和强制访问控制两种方式实现的。它是一种严格的形式化描述，控制信息只能由低向高流动。它反映了多级安全策略的安全特性。

参考答案
　　（36）C

试题（37）
　　无线传感器网络（WSN）是由部署在监测区域内大量的廉价微型传感器节点组成，通过无线通信方式形成的一个多跳的自组织网络系统。以下WSN标准中，不属于工业标准的是__(37)__。
　　（37）A．ISA100.11a　　　　　　B．WIA-PA
　　　　　C．Zigbee　　　　　　　　D．WirelessHART

试题（37）分析
　　本题考查无线传感器网络方面的基本知识。
　　选项A、B、D均属于工业标准，选项C不属于工业标准。

参考答案
　　（37）C

试题（38）
　　按照行为和功能特性，特洛伊木马可以分为远程控制型木马、信息窃取型木马和破坏型木马等。以下不属于远程控制型木马的是__(38)__。

(38) A. 冰河 B. 彩虹桥
     C. PCShare D. Trojan-Ransom

试题（38）分析

本题考查恶意代码中特洛伊木马方面的基础知识。

典型的远程控制型木马有冰河、网络神偷、广外女生、网络公牛、黑洞、上兴、彩虹桥、Posion ivy、PCShare、灰鸽子等。Trojan-Ransom 属于破坏型木马。

参考答案

（38）D

试题（39）

数据库恢复是在故障引起数据库瘫痪以及状态不一致以后，将数据库恢复到某个正确状态或一致状态。数据库恢复技术一般有四种策略：基于数据转储的恢复、基于日志的恢复、基于检测点的恢复、基于镜像数据库的恢复，其中数据库管理员定期地将整个数据库复制到磁带或另一个磁盘上保存起来，当数据库失效时，取最近一次的数据库备份来恢复数据的技术称为__（39）__。

(39) A. 基于数据转储的恢复 B. 基于日志的恢复
     C. 基于检测点的恢复   D. 基于镜像数据库的恢复

试题（39）分析

本题考查数据库恢复方面的基础知识。

数据转储是数据库恢复中采用的基本技术。所谓转储，即 DBA 定期将整个数据库复制到磁带或另一个磁盘上保存起来的过程，这些备用的数据成为后备副本或后援副本。

参考答案

（39）A

试题（40）

FTP 是一个交互会话的系统，在进行文件传输时，FTP 的客户和服务器之间需要建立两个 TCP 连接，分别是__（40）__。

(40) A. 认证连接和数据连接 B. 控制连接和数据连接
     C. 认证连接和控制连接 D. 控制连接和登录连接

试题（40）分析

本题考查文件传输协议 FTP 方面的基础知识。

FTP 的客户和服务器之间使用两个 TCP 连接：一个是控制连接，它一直持续到客户进程与服务器进程之间的会话完成为止；另一个是数据连接，按需随时创建和撤销。每当一个文件传输时，就创建一个数据连接。其中，控制连接被称为主连接，而数据连接被称为子连接。

参考答案

（40）B

试题（41）

蠕虫是一类可以独立运行、并能将自身的一个包含了所有功能的版本传播到其他计算机上的程序。网络蠕虫可以分为：漏洞利用类蠕虫、口令破解类蠕虫、电子邮件类蠕虫、P2P类蠕虫等。以下不属于漏洞利用类蠕虫的是　(41)　。

(41) A．CodeRed　　B．Slammer　　C．MSBlaster　　D．IRC-worm

试题（41）分析

本题考查恶意代码中蠕虫方面的基础知识。

漏洞利用类蠕虫包括 2001 年的红色代码（CodeRed）和尼姆达（Nimda）、2003 年的蠕虫王（Slammer）和冲击波（MSBlaster）、2004 年的震荡波（Sasser）、2005 年的极速波（Zotob）、2006 年的魔波（MocBot）、2008 年的扫荡波（Saodangbo）、2009 年的飞客（Conficker）、2010 年的震网（StuxNet）等。IRC-worm 属于 IRC 类蠕虫。

参考答案

(41) D

试题（42）

防火墙的体系结构中，屏蔽子网体系结构主要由四个部分构成：周边网络、外部路由器、内部路由器和堡垒主机。其中被称为屏蔽子网体系结构第一道屏障的是　(42)　。

(42) A．周边网络　　B．外部路由器　　C．内部路由器　　D．堡垒主机

试题（42）分析

本题考查防火墙的屏蔽子网体系结构方面的基础知识。

外部路由器的主要作用在于保护周边网络和内部网络，是屏蔽子网体系结构的第一道屏障。

参考答案

(42) B

试题（43）

等级保护 2.0 对于应用和数据安全，特别增加了个人信息保护的要求。以下关于个人信息保护的描述中，错误的是　(43)　。

(43) A．应仅采集和保存业务必需的用户个人信息
　　　B．应禁止未授权访问和使用用户个人信息
　　　C．应允许对用户个人信息的访问和使用
　　　D．应制定有关用户个人信息保护的管理制度和流程

试题（43）分析

本题考查个人信息保护方面的基础知识。

应禁止对个人信息的未授权访问和使用。

参考答案

(43) C

试题（44）

Snort 是一款开源的网络入侵检测系统，能够执行实时流量分析和 IP 协议网络的数据包记录。以下不属于 Snort 主要配置模式的是　(44)　。

(44) A．嗅探　　B．审计　　C．包记录　　D．网络入侵检测

试题（44）分析

本题考查入侵检测系统 Snort 工具相关的基础知识。

Snort 有三种工作方式：嗅探器、数据包记录器和网络入侵检测系统，不包括审计。

参考答案

（44）B

试题（45）

身份认证是证实客户的真实身份与其所声称的身份是否相符的验证过程。目前，计算机及网络系统中常用的身份认证技术主要有：用户名/密码方式、智能卡认证、动态口令、生物特征认证等。其中不属于生物特征的是___（45）___。

（45）A．指纹　　　　B．手指静脉　　　C．虹膜　　　　D．击键特征

试题（45）分析

本题考查身份认证方面的基础知识。

击键特征属于行为特征。指纹、手指静脉、虹膜属于生物特征。

参考答案

（45）D

试题（46）

信息系统受到破坏后，会对社会秩序和公共利益造成特别严重损害，或者对国家安全造成严重损害，按照计算机信息系统安全等级保护相关要求，应定义为___（46）___。

（46）A．第一级　　　B．第二级　　　C．第三级　　　D．第四级

试题（46）分析

本题考查信息安全等级保护划分方面的基础知识。

网络信息系统安全等级保护分为五级，第一级防护水平最低，第五级为最高等级。

信息系统安全等级保护的定级准则和等级划分

等级保护	适用信息系统及行业	信息系统破坏后侵害程度
第一级（用户自主保护级）	一般适用于小型私营、个体企业、中小学，乡镇所属信息系统、县级单位中一般的信息系统	信息系统受到破坏后，会对公民、法人和其他组织的合法权益造成损害，但不损害国家安全、社会秩序和公共利益
第二级（系统审计保护级）	一般适用于县级某些单位中的重要信息系统；地市级以上国家机关、企事业单位内部一般的信息系统。例如，不涉及工作秘密、商业秘密、敏感信息的办公系统和管理系统等	信息系统受到破坏后，会对公民、法人和其他组织的合法权益产生严重损害，或者对社会秩序和公共利益造成损害，但不损害国家安全
第三级（安全标记保护级）	一般适用于地市级以上国家机关、企业、事业单位内部重要的信息系统，例如涉及工作秘密、商业秘密、敏感信息的办公系统和管理系统；跨省或全国联网运行的用于生产、调度、管理、指挥、作业、控制等方面的重要信息系统以及这类系统在省、地市的分支系统；中央各部委、省（区、市）门户网站和重要网站；跨省连接的网络系统等	信息系统受到破坏后，会对社会秩序和公共利益造成严重损害，或者对国家安全造成损害

等级保护	适用信息系统及行业	信息系统破坏后侵害程度
第四级（结构化保护级）	一般适用于国家重要领域、重要部门中的特别重要系统以及核心系统。例如电力、电信、广电、铁路、民航、银行、税务等重要部门的生产、调度、指挥等涉及国家安全、国计民生的核心系统	信息系统受到破坏后，会对社会秩序和公共利益造成特别严重损害，或者对国家安全造成严重损害
第五级（访问验证保护级）	一般适用于国家重要领域、重要部门中的极端重要系统	信息系统受到破坏后，会对国家安全造成特别严重损害

参考答案

（46）D

试题（47）

Web 服务器也称为网站服务器，可以向浏览器等 Web 客户端提供文档，也可以放置网站文件和数据文件。目前最主流的三个 Web 服务器是 Apache、Nginx、IIS。Web 服务器都会受到 HTTP 协议本身安全问题的困扰，这种类型的信息系统安全漏洞属于 __（47）__。

（47）A．设计型漏洞　　　　　　　　B．开发型漏洞
　　　　C．运行型漏洞　　　　　　　　D．代码型漏洞

试题（47）分析

本题考查信息系统安全漏洞方面的基础知识。

一般设计人员制定协议时，通常首先强调功能性，而安全性问题则是到最后一刻、甚至不列入考虑范围。上述漏洞是由 HTTP 协议本身设计上所存在的安全问题，所以它是设计型漏洞。

参考答案

（47）A

试题（48）

《计算机信息系统安全保护等级划分准则》中规定了计算机系统安全保护能力的五个等级，其中要求计算机信息系统可信计算基满足访问监控器需求的是 __（48）__。

（48）A．系统审计保护级　　　　　　　B．安全标记保护级
　　　　C．结构化保护级　　　　　　　　D．访问验证保护级

试题（48）分析

本题考查信息安全保护等级划分方面的基础知识。

访问验证保护级的计算机信息系统可信计算基需满足访问监控器需求。

参考答案

（48）D

试题（49）

在需要保护的信息资产中，__（49）__ 是最重要的。

（49）A．环境　　　　　B．硬件　　　　　C．数据　　　　　D．软件

试题（49）分析

本题考查信息资产方面的基础知识。

在需要保护的信息资产中，未备份的数据若丢失或损坏是难以恢复的，因此数据是最重要的。

参考答案

（49）C

试题（50）

重放攻击是指攻击者发送一个目的主机已接收过的包，来达到欺骗系统的目的。下列技术中，不能抵御重放攻击的是__（50）__。

（50）A．序号　　　　B．明文填充　　　C．时间戳　　　D．Nonce

试题（50）分析

本题考查网络协议重放攻击方面的基础知识。

Nonce 是 Number used once 的缩写，Nonce 是一个只被使用一次的任意或非重复的随机数值，它与时间戳、序号都是能够预防重放攻击的。明文填充方式不能抵御重放攻击。

参考答案

（50）B

试题（51）

为了应对日益严重的垃圾邮件问题，服务提供商设计和应用了各种垃圾邮件过滤机制，以下耗费计算资源最多的垃圾邮件过滤机制是__（51）__。

（51）A．SMTP 身份认证　　　　　B．反向名字解析
　　　C．内容过滤　　　　　　　　D．黑名单过滤

试题（51）分析

本题考查垃圾邮件过滤机制方面的基础知识。

SMTP 认证是指在 MTA 上对来自本地网络以外的发信用户进行认证，也就是必须在提供了账户名和密码之后才可以登录 SMTP 服务器，进行远程转发，使用户避免受到垃圾邮件的侵扰。

反向名字解析是指通过 DNS 查询来判断发送者的 IP 与其声称的名字是否一致，例如，其声称的名字为 mx.yahoo.com，而其连接地址为 20.200.200.200，与其 DNS 记录不符，则予以拒收。

黑名单过滤是基于用户投诉和采样积累而建立的、由域名或 IP 组成的数据库的。

即使使用了前面诸多环节中的技术，仍然会有相当一部分垃圾邮件漏网，对此情况目前最有效的方法是基于邮件标题或正文的内容过滤。结合内容扫描引擎，根据垃圾邮件的常用标题语、垃圾邮件受益者的姓名、电话号码、Web 地址等信息进行过滤。由此可见，内容过滤是耗费计算资源最多的垃圾邮件过滤机制。

参考答案

（51）C

试题（52）

在信息系统安全设计中，保证"信息及时且可靠地被访问和使用"是为了达到保障信息系统 __(52)__ 的目标。

(52) A．可用性　　　　　B．保密性　　　　　C．可控性　　　　　D．完整性

试题（52）分析

本题考查信息安全设计目标方面的基础知识。

可用性是指保证合法用户对信息和资源的使用不会被不正当地拒绝。

参考答案

(52) A

试题（53）

数字水印技术是指在数字化的数据内容中嵌入不明显的记号，被嵌入的记号通常是不可见的或者不可察觉的，但是通过计算操作能够实现对该记号的提取和检测。数字水印不能实现 __(53)__ 。

(53) A．证据篡改鉴定　　　　　　　　B．数字信息版权保护
　　　C．图像识别　　　　　　　　　　D．电子票据防伪

试题（53）分析

本题考查数字水印技术方面的基础知识。

根据应用领域可将数字水印分为：

① 鲁棒水印：通常用于数字化图像、视频、音频或电子文档的版权保护。将代表版权人身份的特定信息，如一段文字、标识、序列号等按某种方式嵌入在数字产品中，在发生版权纠纷时，通过相应的算法提取出数字水印，从而验证版权的归属，确保著作权人的合法利益，避免非法盗版的威胁。

② 易损水印：又称为脆弱水印，通常用于数据完整性保护。当数据内容发生改变时，易损水印会发生相应的改变，从而可鉴定数据是否完整。

③ 标注水印：通常用于标示数据内容。

由此可见，数字水印技术可实现版权保护和数据完整性保护，不能实现图像识别。

参考答案

(53) C

试题（54）

安全套接字层超文本传输协议 HTTPS 在 HTTP 的基础上加入了 SSL 协议，网站的安全协议是 HTTPS 时，该网站浏览时会进行 __(54)__ 处理。

(54) A．增加访问标记　　　　　　　　B．身份隐藏
　　　C．口令验证　　　　　　　　　　D．加密

试题（54）分析

本题考查 HTTPS 安全协议的基础知识。

HTTPS 在 HTTP 的基础上加入了 SSL 协议，SSL 依靠证书来验证服务器的身份，并为浏览器和服务器之间的通信数据提供加密功能。

参考答案

（54）D

试题（55）

无线 Wi-Fi 网络加密方式中，安全性最好的是 WPA-PSK/WPA2-PSK，其加密过程采用了 TKIP 和＿（55）＿。

（55）A．AES　　　　　B．DES　　　　　C．IDEA　　　　　D．RSA

试题（55）分析

本题考查无线局域网的安全知识。

WPA-PSK 和 WPA2-PSK 既可以使用 TKIP 加密算法，也可以使用 AES 加密算法。

参考答案

（55）A

试题（56）

涉及国家安全、国计民生、社会公共利益的商用密码产品与使用网络关键设备和网络安全专用产品的商用密码服务实行＿（56）＿检测认证制度。

（56）A．备案式　　　B．自愿式　　　C．鼓励式　　　D．强制性

试题（56）分析

本题考查网络安全法律法规方面的基础知识。

密码法按照"放管服"改革要求，取消了商用密码管理条例设定的"商用密码产品品种和型号审批"，改为对特定商用密码产品实行强制性检测认证制度。

参考答案

（56）D

试题（57）

从对信息的破坏性上看，网络攻击可以分为被动攻击和主动攻击，以下属于被动攻击的是＿（57）＿。

（57）A．伪造　　　B．流量分析　　　C．拒绝服务　　　D．中间人攻击

试题（57）分析

本题考查网络攻击方面的基础知识。

主动攻击会导致某些数据流的篡改和虚假数据流的产生，这类攻击包括篡改、伪造消息数据和拒绝服务等。被动攻击中攻击者不对数据信息做任何修改，通常包括窃听、流量分析、破解弱加密的数据流等。

参考答案

（57）B

试题（58）

密码工作是党和国家的一项特殊重要工作，直接关系国家政治安全、经济安全、国防安全和信息安全。密码法的通过对全面提升密码工作法治化水平起到了关键性作用。密码法规定国家对密码实行分类管理，密码分类中不包含＿（58）＿。

（58）A．核心密码　　　B．普通密码　　　C．商用密码　　　D．国产密码

试题（58）分析

本题考查密码法方面的基础知识。

根据《中华人民共和国密码法》第六条，密码分为核心密码、普通密码和商用密码，不包含国产密码。

参考答案

（58）D

试题（59）

工业控制系统是由各种自动化控制组件和实时数据采集、监测的过程控制组件共同构成，工业控制系统安全面临的主要威胁不包括__（59）__。

（59）A．系统漏洞　　　B．网络攻击　　　C．设备故障　　　D．病毒破坏

试题（59）分析

本题考查工业控制系统安全方面的基础知识。

工业控制系统安全面临的主要威胁包括系统漏洞、网络攻击、病毒破坏。

参考答案

（59）C

试题（60）

资产管理是信息安全管理的重要内容，而清楚地识别信息系统相关的财产，并编制资产清单是资产管理的重要步骤。以下关于资产清单的说法中，错误的是__（60）__。

（60）A．资产清单的编制是风险管理的一个重要的先决条件
　　　　B．信息安全管理中所涉及的信息资产，即业务数据、合同协议、培训材料等
　　　　C．在制定资产清单的时候应根据资产的重要性、业务价值和安全分类，确定与资产重要性相对应的保护级别
　　　　D．资产清单中应当包括将资产从灾难中恢复而需要的信息，如资产类型、格式、位置、备份信息、许可信息等

试题（60）分析

本题考查资产管理方面的基础知识。

信息资产包括数据库和数据文件、合同协议、系统文件、研究信息、用户手册、培训材料、操作或支持程序、业务连续性计划、后备运行安排、审计记录、归档的信息，不包括业务数据。

参考答案

（60）B

试题（61）

身份认证是证实客户的真实身份与其所声称的身份是否相符的验证过程。下列各种协议中，不属于身份认证协议的是__（61）__。

（61）A．IPSec 协议　　　　　　　　　B．S/Key 口令协议
　　　　C．X.509 协议　　　　　　　　　D．Kerberos 协议

试题（61）分析

本题考查身份认证方面的基础知识。

IPSec 协议是通过对 IP 协议的分组进行加密和认证来保护 IP 协议的网络传输协议，并不属于身份认证协议。

参考答案

（61）A

试题（62）

恶意代码是指为达到恶意目的而专门设计的程序或者代码。常见的恶意代码类型有：特洛伊木马、蠕虫、病毒、后门、Rootkit、僵尸程序、广告软件。以下恶意代码中，属于宏病毒的是__（62）__。

（62）A．Trojan.Bank   B．Macro.Melissa
　　　C．Worm.Blaster.g   D．Trojan.huigezi.a

试题（62）分析

本题考查恶意代码方面的基础知识。

宏病毒是脚本病毒的一种，前缀是Macro。选项 A、D 均属于特洛伊木马病毒，选项 C 为冲击波病毒，属于漏洞利用类蠕虫病毒。

参考答案

（62）B

试题（63）

网络安全控制技术指致力于解决诸多如何有效进行介入控制，以及如何保证数据传输的安全性的技术手段。以下不属于网络安全控制技术的是__（63）__。

（63）A．VPN 技术   B．容灾与备份技术
　　　C．入侵检测技术   D．信息认证技术

试题（63）分析

本题考查网络安全控制技术方面的基础知识。

容灾备份实际上是两个概念。容灾是为了在遭遇灾害时能保证信息系统正常运行，帮助企业实现业务连续性的目标；备份是为了应对灾难来临时造成的数据丢失问题，其最终目标是帮助企业应对人为误操作、软件错误、病毒入侵等"软"性灾害以及硬件故障、自然灾害等"硬"性灾害。显然，容灾与备份技术不属于网络安全控制技术。

参考答案

（63）B

试题（64）

在安全评估过程中，采取__（64）__手段，可以模拟黑客入侵过程，检测系统安全脆弱性。

（64）A．问卷调查　　B．人员访谈　　C．渗透测试　　D．手工检查

试题（64）分析

本题考查安全评估方面的基础知识。

在安全评估过程中，采取渗透测试手段，可以模拟黑客入侵过程，检测系统安全脆弱性。

参考答案

(64) C

试题 (65)

一个密码系统至少由明文、密文、加密算法、解密算法和密钥五个部分组成，而其安全性是由__(65)__决定的。

(65) A. 加密算法　　　B. 解密算法　　　C. 加解密算法　　　D. 密钥

试题 (65) 分析

本题考查密码系统组成原则的基础知识。

一个密码系统至少由明文、密文、加密算法、解密算法和密钥五个部分组成，而在密码系统的设计中，有一条很重要的原则就是 Kerckhoff 原则，也就是密码系统的安全性只依赖于密钥。

参考答案

(65) D

试题 (66)

密码学的基本安全目标主要包括：保密性、完整性、可用性和不可抵赖性。其中确保信息仅被合法用户访问，而不被泄露给非授权的用户、实体或过程，或供其利用的特性是指__(66)__。

(66) A. 保密性　　　B. 完整性　　　C. 可用性　　　D. 不可抵赖性

试题 (66) 分析

本题考查密码学基本安全目标方面的基础知识。

保密性是指信息能确保只被合法用户访问，而不被泄露给非授权的用户、实体或者过程，以及供其利用的特性。

参考答案

(66) A

试题 (67)

等级保护 2.0 强化了对外部人员的管理要求，包括外部人员的访问权限、保密协议的管理要求，以下表述中，错误的是__(67)__。

(67) A. 应确保在外部人员接入网络访问系统前先提出书面申请，批准后由专人开设账号、分配权限，并登记备案

　　　B. 外部人员离场后应及时清除其所有的访问权限

　　　C. 获得系统访问授权的外部人员应签署保密协议，不得进行非授权操作，不得复制和泄露任何敏感信息

　　　D. 获得系统访问授权的外部人员，离场后可保留远程访问权限

试题 (67) 分析

本题考查等级保护中的外部人员管理方面的基础知识。

在外部人员访问管理方面，应确保在外部人员访问受控区域前先提出书面申请，批准后由专人全程陪同或监督，并登记备案；外部人员离场后应及时清除其所有访问权限；获得系

统访问授权的外部人员应当签署保密协议，不得进行非授权操作，不得复制和泄露任何敏感信息，离场后不得保留远程访问权限。

参考答案

（67）D

试题（68）

根据加密和解密过程所采用密钥的特点可以将加密算法分为对称加密算法和非对称加密算法两类，以下属于对称加密算法的是__（68）__。

（68）A．RSA　　　　B．MD5　　　　C．IDEA　　　　D．SHA-128

试题（68）分析

本题考查对称加密的基本概念。

对称加密算法包括 AES 算法、DES 算法、IDEA 算法等。RSA 属于公钥加密算法；MD5 和 SHA-128 都属于哈希算法。

参考答案

（68）C

试题（69）

移位密码的加密对象为英文字母，移位密码采用对明文消息的每一个英文字母向前推移固定 key 位的方式实现加密。设 key=6，则明文"SEC"对应的密文为__（69）__。

（69）A．YKI　　　　B．ZLI　　　　C．XJG　　　　D．MYW

试题（69）分析

本题考查移位密码方面的基础知识。

英文字母 S、E、C 向前推移 6 位后分别为 Y、K、I，所以明文"SEC"对应的密文为"YKI"。

参考答案

（69）A

试题（70）

国家密码管理局发布的《无线局域网产品须使用的系列密码算法》，其中规定密钥协商算法应使用的是__（70）__。

（70）A．PKI　　　　B．DSA　　　　C．CPK　　　　D．ECDH

试题（70）分析

本题考查网络安全法律法规相关的知识点。

国家密码管理局于 2006 年 1 月 6 日发布公告，公布了《无线局域网产品须使用的系列密码算法》，包括：对称密码算法：SMS4；签名算法：ECDSA；密钥协商算法：ECDH；杂凑算法：SHA-256；随机数生成算法：自行选择。其中，ECDSA 和 ECDH 密码算法须采用国家密码管理局指定的椭圆曲线和参数。

参考答案

（70）D

试题（71）～（75）

Symmetric-key cryptosystems use the __（71）__ key for encryption and decryption of a message, though a message or group of messages may have a different key than others. A significant disadvantage of symmetric ciphers is the key management necessary to use them securely. Each distinct pair of communicating parties must, ideally, share a different key, and perhaps each ciphertext exchanged as well. The number of keys required increases as the square of the number of network members, which very quickly requires complex key management schemes to keep them all straight and secret. The difficulty of securely establishing a secret __(72)__ between two communicating parties, when a secure channel doesn't already exist between them, also presents a chicken-and-egg problem which is a considerable practical obstacle for cryptography users in the real world.

Whitfield Diffie and Martin Hellman, authors of the first paper on public-key cryptography.

In a groundbreaking 1976 paper, Whitfield Diffie and Martin Hellman proposed the notion of public-key (also, more generally, called asymmetric key) cryptography in which two different but mathematically related keys are used—a public key and a private key. A public key system is so constructed that calculation of one key (the private key) is computationally infeasible __(73)__ the other (the public key), even though they are necessarily related. Instead, both keys are generated secretly, as an interrelated pair. The historian David Kahn described public-key cryptography as "the most revolutionary new concept in the field since poly-alphabetic substitution emerged in the Renaissance".

In public-key cryptosystems, the __(74)__ key may be freely distributed, while its paired private key must remain secret. The public key is typically used for encryption, while the private or secret key is used for decryption. Diffie and Hellman showed that public-key cryptography was possible by presenting the Diffie-Hellman key exchange protocol.

In 1978, Ronald Rivest, Adi Shamir, and Len Adleman invented __(75)__, another public-key system.

In 1997, it finally became publicly known that asymmetric key cryptography had been invented by James H. Ellis at GCHQ, a British intelligence organization, and that, in the early 1970s, both the Diffie-Hellman and RSA algorithms had been previously developed (by Malcolm J. Williamson and Clifford Cocks, respectively).

（71）A．different   B．same   C．public   D．private
（72）A．plaintext   B．stream   C．ciphertext   D．key
（73）A．from   B．in   C．to   D．of
（74）A．public   B．private   C．symmetric   D．asymmetric
（75）A．DES   B．AES   C．RSA   D．IDEA

参考译文

对称密钥密码系统使用相同（same）的密钥对消息进行加密和解密，尽管一条消息或一组消息可能使用与其他消息不同的密钥。对称密码的一个显著缺点是为了安全使用必须进行密钥管理。理想情况下，每对不同的通信双方必须共享不同的密钥，或许每个密文也需要交换。随着网络成员的增加，需要的密钥数量以网络成员的平方倍增加，这很快就需要复杂的密钥管理方案来保持密钥的透明性和保密性。当通信双方之间不存在安全信道时，很难在它们之间安全地建立密钥（key），这是一个先有鸡还是先有蛋的问题，对于现实世界中的密码学用户来说是一个相当大的实际困难。

Whitfield Diffie 和 Martin Hellman 是公钥密码学方面第一篇论文的作者，在 1976 年的一篇开创性论文中，Whitfield Diffie 和 Martin Hellman 提出了公钥（也更普遍地称为非对称密钥）密码学的概念，其中使用了两个不同但数学上相关的密钥——公钥和私钥。在公钥系统中，虽然两个密钥是必须相关的，但从（from）公钥却无法计算出私钥。相反，这两个密钥都是秘密生成的，它们是相互关联的一对。历史学家 David Kahn 将公钥密码学描述为"自文艺复兴时期多表代换出现以来，该领域最具有革命性的新概念"。

在公钥密码系统中，公钥（public）可自由分发，但与其对应的私钥必须保密。公钥常用于加密，而私钥或秘密密钥用于解密。Diffie 和 Hellman 通过提出 Diffie-Hellman 密钥交换协议证明了公钥密码学的可能性。

1978 年，Ronald Rivest、Adi Shamir 和 Len Adleman 创建了另一种公钥系统（RSA）。

英国情报机构 GCHQ 的 James H. Ellis 早已发明非对称密钥密码学，并且在 20 世纪 70 年代初，Diffie-Hellman 和 RSA 算法也已被发明（分别由 Malcolm J. Williamson 和 Clifford Cocks 发明），但这些事件直到 1997 年才被大众所知。

参考答案

（71）B　（72）D　（73）A　（74）A　（75）C

第 6 章 2020 下半年信息安全工程师下午试题分析与解答

试题一（共 14 分）

阅读下列说明，回答问题 1 至问题 6，将解答填入答题纸的对应栏内。

【说明】

Linux 系统通常将用户名相关信息存放在/etc/passwd 文件中，假如有/etc/passwd 文件的部分内容如下，请回答相关问题。

security@ubuntu:~$ cat /etc/passwd
user1:x:0:0:user:/home/user1:/bin/bash
user2:x:1000:1000:ubuntu64:/home/user2:/bin/bash
daemon:x:1:1:daemon:/usr/sbin:/usr/sbin/nologin
bin:x:2:2:bin:/bin:/usr/sbin/nologin
sys:x:3:3:sys:/dev:/usr/sbin/nologin
sync:x:4:65534:sync:/bin:/bin/sync

【问题 1】（2 分）

口令字文件/etc/passwd 是否允许任何用户访问？

【问题 2】（2 分）

根据上述/etc/passwd 显示的内容，给出系统权限最低的用户名字。

【问题 3】（2 分）

在 Linux 中，/etc/passwd 文件中每一行代表一个用户，每行记录又用冒号（:）分隔为 7 个字段，请问 Linux 操作系统是根据哪个字段来判断用户的？

【问题 4】（3 分）

根据上述/etc/passwd 显示的内容，请指出该系统中允许远程登录的用户名。

【问题 5】（2 分）

Linux 系统把用户密码保存在影子文件中，请给出影子文件的完整路径及其名字。

【问题 6】（3 分）

如果使用 ls-al 命令查看影子文件的详细信息，请给出数字形式表示的影子文件访问权限。

试题一分析

本题考查 Linux 系统身份认证和权限控制相关的知识点。

此类题目要求考生对常用的操作系统安全机制有清晰的理解，并对安全机制在操作系统中的具体实现及其使用能熟练掌握。题目围绕 Linux 系统的口令字文件/etc/passwd 设置相关的考查点。

【问题1】

因为操作系统通常都允许每个用户修改自己的身份信息包括口令，如果用户无法访问/etc/passwd 文件，则无法满足上述要求，因此任何用户都可以访问该文件。

【问题2】

Linux 系统用户是根据用户 ID 来识别的，用户 ID 与用户名是一一对应的。用户 ID 取值范围是 0～65535。0 表示超级用户 root，1～499 表示系统用户，普通用户从 500 开始。用户 ID 由/etc/passwd 文件每一行用冒号隔开的第三列表示，由此得知本题的 user2 的用户 ID 值为 1000，属于普通用户，其权限最低。

【问题3】

Linux 系统用户是根据用户 ID（UserID，简称 UID）来识别的。

【问题4】

在/etc/passwd 的最后一列，可以看到有/usr/sbin/nologin 或者为空，通常意味着该用户无法登录系统。因此，user1/usre2/sync 用户可以登录。

【问题5】

为了安全起见，用户口令通常保存在另外一个文件中，文件路径和名字为：/etc/shadow。

【问题6】

上述影子文件不像 etc/passwd 文件，不是每个用户都可以访问的，否则每个人都能看到其他用户加密存储的口令字。该文件通常只能由 root 查看和修改，其他用户是没有任何访问权的。具体到不同的 Linux 类系统稍微有些不同，主要的访问权限有 640 或者 600 或者 400 或者 000。

参考答案

【问题1】

允许

【问题2】

user2

【问题3】

第三个字段或者 UID 字段

【问题4】

user1，user2，sync

【问题5】

/etc/shadow

【问题6】

640 或者 600 或者 400 或者 000

试题二（共 20 分）

阅读下列说明，回答问题 1 至问题 8，将解答填入答题纸的对应栏内。

【说明】

密码学作为信息安全的关键技术，在信息安全领域有着广泛的应用。密码学中，根据加密和解密过程所采用密钥的特点可以将密码算法分为两类：对称密码算法和非对称密码算法。此外，密码技术还用于信息鉴别、数据完整性检验、数字签名等。

【问题1】（3分）

信息安全的基本目标包括：真实性、保密性、完整性、不可否认性、可控性、可用性、可审查性等。密码学的三大安全目标C.I.A分别表示什么？

【问题2】（3分）

RSA公钥密码是一种基于大整数因子分解难题的公开密钥密码。对于RSA密码的参数：$p,q,n,\varphi(n),e,d$，哪些参数是可以公开的？

【问题3】（2分）

如有RSA密码算法的公钥为（55，3），请给出对小王的年龄18进行加密的密文结果。

【问题4】（2分）

对于RSA密码算法的公钥（55，3），请给出对应私钥。

【问题5】（2分）

在RSA公钥算法中，公钥和私钥的关系是什么？

【问题6】（2分）

在RSA密码中，消息m的取值有什么限制？

【问题7】（3分）

是否可以直接使用RSA密码进行数字签名？如果可以，请给出消息m的数字签名计算公式。如果不可以，请给出原因。

【问题8】（3分）

上述RSA签名体制可以实现问题1所述的哪三个安全基本目标？

试题二分析

本题考查公钥密码算法RSA的基本原理及其加解密过程。

此类题目要求考生对常见的密码算法及其应用有清晰的了解。

【问题1】

CIA分别表示单词Confidentiality、Integrity和Availability，也就是保密性、完整性和可用性三个安全目标的缩写。

【问题2】

RSA密码是基于大数分解难题，RSA密码的参数主要有：$p,q,n,\varphi(n),e,d$。其中模数$n=p\times q$，$\varphi(n)=(p-1)\times(q-1)$，$e\times d=1 \bmod \varphi(n)$，由这些关系，只有$n$和$e$作为公钥是可以公开的，其他的任何一个参数泄露，都会导致私钥泄露。

【问题3】

根据RSA加密算法，密文$c=18^3 \bmod 55=2$。

【问题4】

根据$n=55$，可知$p=11$，$q=5$，$\varphi(n)=40$，由$e=3$，可得到$d=27$时满足$e\times d=1 \bmod 40$，

因此私钥为（55，27）。

【问题 5】
公钥密码体制有两个密钥，一个是公钥，另一个是私钥。其中一个用于加密，可以用另一个解密。

【问题 6】
消息 m 所表示的十进制值不能大于模数 n 的值，否则将导致解密有误。

【问题 7】
使用 RSA 可以进行数字签名，直接用私钥对消息进行加密即可，其他人可以用对应的公钥进行解密并验证签名。签名公式就是消息的加密公式。

$$签名 = m^e \bmod n$$

【问题 8】
RSA 签名体制的私钥签名确保消息的真实性，RSA 加密提高保密性，哈希计算提高完整性。

参考答案

【问题 1】
保密性、完整性、可用性。

【问题 2】
n，e

【问题 3】
2

【问题 4】
（55，27）

【问题 5】
$e \times d = 1 \bmod \varphi(n)$；一个加密另一个可以解开；从一个密钥无法推导出另一个。

【问题 6】
消息 m 的十进制表示值小于 n 的值。

【问题 7】
可以。
签名：用私钥加密；验证：用公钥解密。

$$签名 = m^e \bmod n$$

【问题 8】
真实性、保密性、完整性

试题三（共 15 分）
阅读下列说明，回答问题 1 至问题 5，将解答填入答题纸的对应栏内。

【说明】
防火墙作为网络安全防护的第一道屏障，通常用一系列的规则来实现网络攻击数据包的过滤。

【问题 1】（3 分）

图 3-1 给出了某用户 Windows 系统下的防火墙操作界面，请写出 Windows 下打开以下界面的操作步骤。

图 3-1

【问题 2】（4 分）

Smurf 拒绝服务攻击结合 IP 欺骗和 ICMP 回复方法使大量网络数据包充斥目标系统，引起目标系统拒绝为正常请求提供服务。请根据图 3-2 回答下列问题。

（1）上述攻击针对的目标 IP 地址是多少？

（2）在上述攻击中，受害者将会收到 ICMP 协议的哪一种数据包？

图 3-2

【问题 3】（2 分）

如果要在 Windows 系统中对上述 Smurf 攻击进行过滤设置，应该在图 3-1 中"允许应用或功能通过 Windows Defender 防火墙"下面的选项中选择哪一项？

【问题 4】（2 分）

要对入站的 ICMP 协议数据包设置过滤规则，应选择图 3-3 的哪个选项？

第 6 章　2020 下半年信息安全工程师下午试题分析与解答

【问题 5】（4 分）

在图 3-4 的端口和协议设置界面中，请分别给出"协议类型（P）""协议号（U）""本地端口（L）""远程端口（R）"的具体设置值。

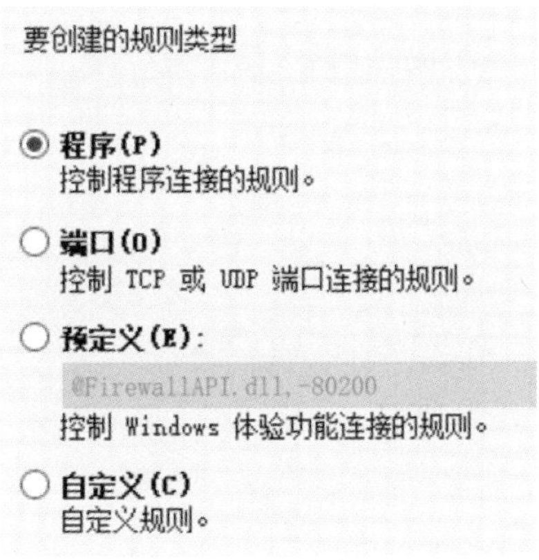

图 3-3

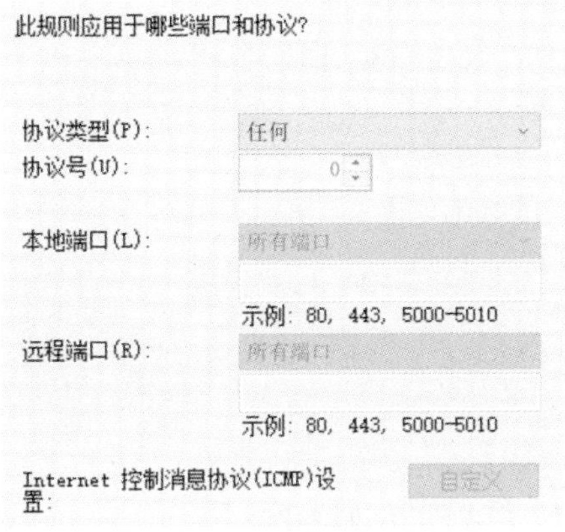

图 3-4

试题三分析

本题考查 Windows 系统下的防火墙以及网络攻击的过滤防护知识及应用。

此类题目要求考生熟悉常见的网络攻击手段及其相应的网络数据分组，并具备 Wireshark 工具的基本使用方法，能针对不同的网络攻击方法配置对应的防护措施。

【问题 1】

要求掌握 Windows 系统的基本操作。根据图中显示的窗口标题名字或者路径信息[系统和安全]→[Windows Defender 防火墙]，可知从控制面板是可以访问到图中界面的。打开控制面板可以从命令行进入，也可以从开始菜单进入。

【问题 2】

从图中可以发现攻击数据包的规律：源地址都是 192.168.27.1，目的地址是一个广播地址 192.168.27.255，采用 ICMP 协议。由于它是广播地址，对应的同网内的所有地址都可以收到，因此上述同网的大量机器会向源地址 192.168.27.1 发送应答分组，从而造成大量数据包发往源地址，所以在此源地址才是受害（被攻击）地址。发送的分组是 Echo request，对应的应答分组是 Echo reply。

【问题 3】

Windows 防火墙要定制过滤规则需要从"高级设置"进入。

【问题 4】

针对 ICMP 协议，既不是程序，也没有端口，更不是预先定义的规则，只能通过"自定义"进行设置。

【问题 5】

再次强调 ICMP 协议工作在网络层，没有传输层的端口信息。因此端口信息是不需要填写的。对于协议类型选择 ICMPv4，协议号会自动填 1。

参考答案

【问题 1】

　　[开始]→[控制面板]→[系统和安全]→[Windows Defender 防火墙]

　　或

　　运行"control[.exe]"→[系统和安全]→[Windows Defender 防火墙]

【问题 2】

　　（1）192.168.27.1

　　（2）Echo reply（回响应答）

【问题 3】

　　高级设置。

【问题 4】

　　自定义。

【问题 5】

　　协议类型（P）：ICMPv4

　　协议号（U）：自动填 1

　　本地端口（L）：不用填 或 空白

　　远程端口（R）：不用填 或 空白

试题四（共 12 分）

　　阅读下列说明，回答问题 1 至问题 6，将解答填入答题纸的对应栏内。

【说明】

　　ISO 安全体系结构包含的安全服务有七大类，即：①认证服务；②访问控制服务；③数据保密性服务；④数据完整性服务；⑤抗否认性服务；⑥审计服务；⑦可用性服务。

　　请问以下各种安全威胁或者安全攻击可以采用对应的哪些安全服务来解决或者缓解。请直接用上述编号①~⑦作答。

【问题 1】（2 分）

　　针对跨站伪造请求攻击可以采用哪些安全服务来解决或者缓解？

【问题 2】（2 分）

　　针对口令明文传输漏洞攻击可以采用哪些安全服务来解决或者缓解？

【问题 3】（2 分）

　　针对 Smurf 攻击可以采用哪些安全服务来解决或者缓解？

【问题 4】（2 分）

　　针对签名伪造攻击可以采用哪些安全服务来解决或者缓解？

【问题 5】（2 分）

　　针对攻击进行追踪溯源时，可以采用哪些安全服务？

【问题 6】（2 分）

　　如果下载的软件被植入木马，可以采用哪些安全服务来进行解决或者缓解？

试题四分析

本题考查网络安全目标、安全攻击和安全服务之间的关系。

ISO 的七大类安全服务包括认证服务、访问控制服务、数据保密性服务、数据完整性服务、抗否认性服务、审计服务和可用性服务。这七大类服务的具体含义如下：

认证服务：在网络交互过程中，对收发双方的身份及数据来源进行验证。

访问控制服务：防止未授权用户非法访问资源，包括用户身份认证和用户权限确认。

数据保密性服务：防止数据在传输过程中被破解、泄露。

数据完整性服务：防止数据在传输过程中被篡改。

抗否认性服务：也称为抗抵赖服务或确认服务。防止发送方与接收方双方在执行各自操作后，否认各自所做的操作。

审计服务：对用户或者其他实体的所作所为（何时如何访问什么资源）进行详细记录。

可用性服务：确保合法用户可以得到应有的服务。

【问题 1】

跨站伪造请求是以其他用户身份发生访问请求，对应的是身份认证服务。

【问题 2】

口令应该加密以后进行传输，因此对应的是数据保密性服务。

【问题 3】

Smurf 攻击是一种拒绝服务攻击，对应的是可用性服务。

【问题 4】

签名伪造针对的是数字签名，通过抗否认性服务，确保签名的真实性。

【问题 5】

追踪溯源通常是通过网络流量分析或者主机系统的日志进行分析，这些都可以通过审计服务来实现。

【问题 6】

下载的软件一旦被植入恶意代码通常会改变文件的哈希值，这可以通过数据完整性服务来实现。

参考答案

【问题 1】

　①

【问题 2】

　③

【问题 3】

　⑦

【问题 4】

　⑤

【问题 5】

　⑥

【问题 6】

④

试题五（共 14 分）

阅读下列说明和图，回答问题 1 至问题 3，将解答填入答题纸的对应栏内。

【说明】

代码安全漏洞往往是系统或者网络被攻破的头号杀手。在 C 语言程序开发中，由于 C 语言自身语法的一些特性，很容易出现各种安全漏洞。因此，应该在 C 程序开发中充分利用现有开发工具提供的各种安全编译选项，减少出现漏洞的可能性。

【问题 1】（4 分）

图 5-1 给出了一段有漏洞的 C 语言代码（注：行首数字是代码行号），请问，上述代码存在哪种类型的安全漏洞？该漏洞和 C 语言数组的哪一个特性有关？

```
4  #include "stdafx.h"
5  #include <string.h>
6  #define PASSWORD "1234567"
7  int verify_password(char *password)
8  {
9      int authenticated = 128;
10     char buffer[8];
11     authenticated = strcmp(password, PASSWORD);
12     strcpy(buffer, password); //over flowed here!
13     return authenticated;
14 }
```

图 5-1

【问题 2】（4 分）

图 5-2 给出了 C 程序的典型内存布局，请回答如下问题。

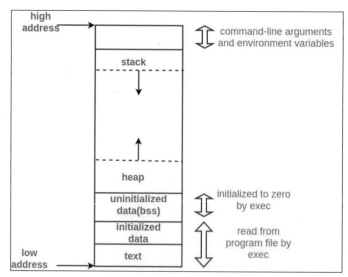

图 5-2

（1）请问图 5-1 的代码中第 9 行的变量 authenticated 保存在图 5-2 所示的哪个区域中？
（2）请问 stack 的两个典型操作是什么？
（3）在图 5-2 中的 stack 区域保存数据时，其地址增长方向是往高地址还是往低地址增加？
（4）对于图 5-1 代码中的第 9 行和第 10 行代码的两个变量，哪个变量对应的内存地址更高？

【问题 3】（6 分）
微软的 Visual Studio 提供了很多安全相关的编译选项，图 5-3 给出了图 5-1 中代码相关的工程属性页面的截图。请回答以下问题。

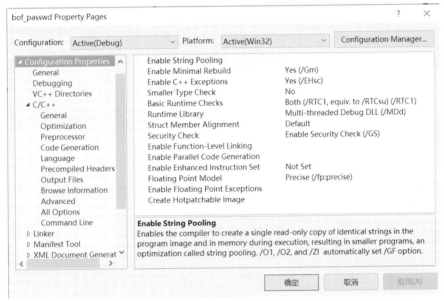

图 5-3

（1）请问图 5-3 中哪项配置可以有效缓解上述代码存在的安全漏洞？
（2）如果把图 5-1 中第 10 行代码改为 char buffer[4]；图 5-3 的安全编译选项是否还起作用？
（3）模糊测试是否可以检测出上述代码的安全漏洞？

试题五分析

本题考查软件安全的漏洞类型以及安全开发的知识，是关于代码安全的问题。

此类题目要求考生对常见的安全漏洞有基本的掌握，并在微软的 Visual Studio 开发环境中进行调试。

【问题 1】
这类漏洞是由于函数内的本地变量溢出造成的，而本地变量都位于堆栈区域，因此这类漏洞一般称为栈溢出漏洞。主要是因为 C 语言编译器对数组越界没有进行检查导致的。

【问题 2】

　　第 9 行的变量 authenticated 同样是本地变量，因此位于堆栈（stack）区域。堆栈结构常见的操作就是 push 和 pop。在数据往堆栈区域写时，都是往高地址写的。在入栈时，则是第 9 行的变量先入栈在高地址，后续的第 10 行代码对应的变量 buffer 后入栈在低地址，因此第 9 行的变量在高地址。只有这样在往 buffer 数组拷贝过多的数据时，才会覆盖掉后续的 authenticated 变量。

【问题 3】

　　微软的 Visual Studio 编译器提供了很多的安全编译选项，可以对代码进行安全编译，例如图中 Enable Security Check(/GS)可以在栈中添加特殊值，使得一旦被覆盖就会导致异常，从而增加漏洞利用难度。该编译选项针对小于等于 4 个字节的数组不起保护作用。模糊测试通过发送不同长度的数据给 buffer，可能导致覆盖后续变量和指针值，导致程序异常从而触发监测，因此采用模糊测试的方法是可以检测出此类漏洞的。

参考答案

【问题 1】

　　缓冲区（栈）溢出。

　　不对数组越界进行检查。

【问题 2】

　　（1）stack

　　（2）push 和 pop　或者　压栈和弹栈

　　（3）高地址

　　（4）第 9 行或者 authenticated 变量

【问题 3】

　　（1）Enable Security Check(/GS)

　　（2）不起作用

　　（3）可以检测出漏洞

第7章 2021下半年信息安全工程师上午试题分析与解答

试题（1）

常见的信息安全基本属性有：机密性、完整性、可用性、抗抵赖性和可控性等。其中合法许可的用户能够及时获取网络信息或服务的特性，是指信息安全的 __(1)__ 。

(1) A．机密性　　　　B．完整性　　　　C．可用性　　　　D．可控性

试题（1）分析

本题考查信息安全基本属性的相关知识。

信息安全的基本属性包括：机密性、完整性、可用性、抗抵赖性和可控性。其中，可用性是指合法许可的用户能够及时获取网络信息或服务的特性。

参考答案

(1) C

试题（2）

2010年，首次发现针对工控系统实施破坏的恶意代码Stuxnet（简称"震网"病毒），"震网"病毒攻击的是伊朗核电站西门子公司的 __(2)__ 系统。

(2) A．Microsoft WinXP　　　　　　B．Microsoft Win7
　　C．Google Android　　　　　　　D．SIMATIC WinCC

试题（2）分析

本题考查恶意代码的基础知识。

恶意代码是指在未明确提示用户或未经用户许可的情况下，在用户计算机或其他终端上安装运行，侵犯用户合法权益的软件，也包括故意编制或设置的、对网络或系统会产生威胁或潜在威胁的计算机代码。2010年发现的针对工控系统实施破坏的恶意代码Stuxnet（简称"震网"病毒），攻击的是西门子公司的SIMATIC WinCC系统。

参考答案

(2) D

试题（3）

要实现网络信息安全基本目标，网络应具备 __(3)__ 等基本功能。

(3) A．预警、认证、控制、响应　　　B．防御、监测、应急、恢复
　　C．延缓、阻止、检测、限制　　　D．可靠、可用、可控、可信

试题（3）分析

本题考查网络安全基本功能的基础知识。

从信息安全的角度分析，网络应具备防御、监测、应急、恢复等基本功能，才能保障实现网络信息安全的基本目标。

参考答案

（3）B

试题（4）

为防范国家数据安全风险，维护国家安全，保障公共利益，2021年7月，中国网络安全审查办公室发布公告，对"滴滴出行""运满满""货车帮""BOSS直聘"开展网络安全审查。此次审查依据的国家相关法律法规是__(4)__。

(4) A.《中华人民共和国网络安全法》和《中华人民共和国国家安全法》
　　B.《中华人民共和国网络安全法》和《中华人民共和国密码法》
　　C.《中华人民共和国数据安全法》和《中华人民共和国网络安全法》
　　D.《中华人民共和国数据安全法》和《中华人民共和国国家安全法》

试题（4）分析

本题考查信息安全法律法规方面的知识。

目前，我国已经颁布实施的信息安全领域的法律法规有《中华人民共和国网络安全法》《中华人民共和国密码法》《中华人民共和国个人信息保护法》《中华人民共和国数据安全法》等。2021年7月，中国网络安全审查办公室对"滴滴出行""运满满""货车帮""BOSS直聘"开展网络安全审查，依据的是《中华人民共和国网络安全法》和《中华人民共和国国家安全法》。

参考答案

（4）A

试题（5）

2021年6月10日，第十三届全国人民代表大会常务委员会第二十九次会议表决通过了《中华人民共和国数据安全法》，该法律自__(5)__起施行。

(5) A. 2021年9月1日　　　　　B. 2021年10月1日
　　C. 2021年11月1日　　　　D. 2021年12月1日

试题（5）分析

本题考查信息安全法律法规方面的知识。

目前，我国已经颁布实施的信息安全领域的法律法规有《中华人民共和国网络安全法》《中华人民共和国密码法》《中华人民共和国个人信息保护法》《中华人民共和国数据安全法》等。其中，《中华人民共和国数据安全法》中规定，该法律自2021年9月1日起施行。

参考答案

（5）A

试题（6）

根据网络安全等级保护2.0的要求，对云计算实施安全分级保护。围绕"一个中心，三重防护"的原则，构建云计算安全等级保护框架。其中一个中心是指安全管理中心，三重防护包括：计算环境安全、区域边界安全和通信网络安全。以下安全机制属于安全管理中心的

是 (6) 。

(6) A. 应用安全　　　B. 安全审计　　　C. Web 服务　　　D. 网络访问

试题（6）分析

本题考查等级保护 2.0 的相关知识。

2019 年 5 月 13 日，网络安全等级保护 2.0 正式发布，该标准于 2019 年 12 月 1 日正式实施。根据等级保护 2.0 的规定，云计算安全等级保护框架包括"一个中心，三重防护"，一个中心是指安全管理中心，三重防护包括：计算环境安全、区域边界安全和通信网络安全。其中安全管理中心负责针对整个系统提出安全管理方面的技术控制要求，通过技术手段实现集中管理。安全管理中心的管理内容包括系统管理、审计管理、安全管理和集中管控等。

参考答案

(6) B

试题（7）

《中华人民共和国密码法》由中华人民共和国第十三届全国人民代表大会常务委员会第十四次会议于 2019 年 10 月 26 日通过，已于 2020 年 1 月 1 日起施行。《中华人民共和国密码法》规定国家对密码实行分类管理，密码分为 (7) 。

(7) A. 核心密码、普通密码和商用密码
　　B. 对称密码、公钥密码和哈希算法
　　C. 国际密码、国产密码和商用密码
　　D. 普通密码、涉密密码和商用密码

试题（7）分析

本题考查信息安全法律法规方面的知识。

《中华人民共和国密码法》是为了规范密码应用和管理，促进密码事业发展，保障网络与信息安全，维护国家安全和社会公共利益，保护公民、法人和其他组织的合法权益而制定的法律，是中国密码领域的综合性、基础性法律。该法律于 2019 年 10 月 26 日通过，自 2020 年 1 月 1 日起施行。《中华人民共和国密码法》将密码分为核心密码、普通密码和商用密码。核心密码、普通密码用于保护国家秘密信息，核心密码保护信息的最高密级为绝密级，普通密码保护信息的最高密级为机密级。商用密码用于保护不属于国家秘密的信息，公民、法人和其他组织可以依法使用商用密码保护网络与信息安全。

参考答案

(7) A

试题（8）

现代操作系统提供的金丝雀（Canary）漏洞缓解技术属于 (8) 。

(8) A. 数据执行阻止　　　　　　B. SEHOP
　　C. 堆栈保护　　　　　　　　D. 地址空间随机化技术

试题（8）分析

本题考查操作系统漏洞的基础知识。

金丝雀漏洞缓解技术的原理是在函数被调用之后，立即在栈帧中插入一个随机数，函数

执行完在返回之前，程序通过检查这个随机数是否改变来判断是否存在栈溢出。现代操作系统提供的金丝雀（Canary）漏洞缓解技术属于堆栈保护。

参考答案

（8）C

试题（9）

2021 年 7 月 30 日，国务院总理李克强签署第 745 号国务院令，公布《关键信息基础设施安全保护条例》。该条例在法律责任部分细化了安全保护全过程中，各个环节的职责和违反相应条例的具体处罚措施。以下说法错误的是__(9)__。

（9）A．在安全事故发生之前，运营者应当对关键信息基础设施的安全保护措施进行规划建设。在安全事故发生后，运营者未报告相关部门的，也会处以相应的罚金

B．对于受到治安管理处罚的人员，3 年内不得从事网络安全管理和网络安全运营关键岗位的工作

C．对于受到刑事处罚的人员，终身不得从事网络安全管理和网络安全运营关键岗位的工作

D．网信部门、公安机关、保护工作部门和其他有关部门及其工作人员未履行相关职责或者玩忽职守、滥用职权、徇私舞弊的，或者发生重大责任事故的，会对相关监管、保护和服务人员给予处分，严重者追究法律责任

试题（9）分析

本题考查《关键信息基础设施安全保护条例》的基本内容。

《关键信息基础设施安全保护条例》在法律责任部分细化了安全保护全过程中，各个环节的职责和违反相应条例的具体处罚措施。该法律规定，对于受到治安管理处罚的人员，5 年内不得从事网络安全管理和网络安全运营关键岗位的工作。

参考答案

（9）B

试题（10）

网络攻击行为分为主动攻击和被动攻击，主动攻击一般是指攻击者对被攻击信息的修改，而被动攻击主要是收集信息而不进行修改等操作，被动攻击更具有隐蔽性。以下网络攻击中，属于被动攻击的是__(10)__。

（10）A．重放攻击　　　　　　　B．假冒攻击
　　　　C．拒绝服务攻击　　　　　D．窃听

试题（10）分析

本题考查网络攻击分类的相关知识。

网络攻击行为分为主动攻击和被动攻击，主动攻击一般是指攻击者对被攻击信息的修改，而被动攻击主要是收集信息而不进行修改等操作，被动攻击更具有隐蔽性。常见的主动攻击包括拒绝服务攻击、重放攻击、假冒攻击等，常见的被动攻击包括窃听、嗅探、流量分析等。

参考答案

（10）D

试题（11）

SYN 扫描首先向目标主机发送连接请求,当目标主机返回响应后,立即切断连接过程,并查看响应情况。如果目标主机返回 __(11)__ ,表示目标主机的该端口开放。

（11）A．ACK 信息　　　　　　　B．RESET 信息

　　　C．RST 信息　　　　　　　 D．ID 头信息

试题（11）分析

本题考查安全扫描技术的基础知识。

SYN 扫描也称半开放扫描,是恶意黑客不建立完全连接,用来判断通信端口状态的一种手段,有时也用来进行拒绝服务攻击。在 SYN 扫描中,恶意客户通过向服务器每个端口发送一个 SYN 数据包,如果服务器从特定端口返回 ACK 信息,表示目标主机的该端口开放。

参考答案

（11）A

试题（12）

拒绝服务攻击是指攻击者利用系统的缺陷,执行一些恶意的操作,使得合法的系统用户不能及时得到应得的服务或系统资源。以下给出的攻击方式中,不属于拒绝服务攻击的是 __(12)__ 。

（12）A．SYN Flood　　　　　　　B．DNS 放大攻击

　　　C．SQL 注入　　　　　　　　D．泪滴攻击

试题（12）分析

本题考查拒绝服务攻击的基础知识。

拒绝服务攻击是指攻击者利用系统的缺陷,执行一些恶意的操作,使得合法的系统用户不能及时得到应得的服务或系统资源。常见的拒绝服务攻击包括 SYN Flood、DNS 放大攻击、泪滴攻击等。SQL 注入是指攻击者可以在 Web 应用程序中事先定义好的查询语句的结尾添加额外的 SQL 语句,在管理员不知情的情况下,欺骗数据库服务器执行非授权的任意查询,从而得到相应的数据信息的攻击。

参考答案

（12）C

试题（13）

网络攻击者经常采用的工具主要包括:扫描器、远程监控、密码破解、网络嗅探器、安全渗透工具箱等。以下属于网络嗅探器工具的是 __(13)__ 。

（13）A．Super Scan　　B．LOphtCrack　　C．Metasploit　　D．Wireshark

试题（13）分析

本题考查网络攻击的相关知识。

网络攻击者经常采用的工具主要包括:扫描器、远程监控、密码破解、网络嗅探器、安全渗透工具箱等。常见的网络嗅探工具有 NetXray、Packetboy、Net Monitor、Sniffer Pro、

WireShark、WinNetCap 等。

参考答案

（13）D

试题（14）

为保护移动应用 App 的安全性，通常采用防反编译、防调试、防篡改和防窃取等多种安全保护措施。在移动应用 App 程序中插入无关代码属于__（14）__技术。

（14）A．防反编译　　　　B．防调试　　　　C．防篡改　　　　D．防窃取

试题（14）分析

本题考查移动应用 App 安全的相关知识。

为保护移动应用 App 的安全性，通常采用防反编译、防调试、防篡改和防窃取等多种安全保护措施。高级语言源程序经过编译变成可执行文件，反编译就是逆过程。在移动应用 App 程序中插入无关代码可以防反编译。

参考答案

（14）A

试题（15）

密码算法可以根据密钥属性的特点进行分类，其中发送方使用的加密密钥和接收方使用的解密密钥不相同，并且从其中一个密钥难以推导出另一个密钥，这样的加密算法称为__（15）__。

（15）A．非对称密码　　　　　　　　B．单密钥密码
　　　C．对称密码　　　　　　　　　D．序列密码

试题（15）分析

本题考查密码学的基础知识。

根据密钥属性的特点，密码算法可以分为对称密码和非对称密码。其中发送方使用的加密密钥和接收方使用的解密密钥不相同，并且从其中一个密钥难以推导出另一个密钥的密码算法是非对称密码。

参考答案

（15）A

试题（16）

已知 DES 算法 S 盒如下：

	0	1	2	3	4	5	6	7	8	9	10	11	12	13	14	15
0	7	13	14	3	0	6	9	10	1	2	8	5	11	12	4	15
1	13	8	11	5	6	15	0	3	4	7	2	12	1	10	14	9
2	10	6	9	0	12	11	7	13	15	1	3	14	5	2	8	4
3	3	15	0	6	10	1	13	8	9	4	5	11	12	7	2	14

如果该 S 盒的输入为 010001，则其二进制输出为__（16）__。

（16）A．0110　　　　　B．1001　　　　　C．0100　　　　　D．0101

试题（16）分析

本题考查 DES 算法中 S 盒的相关知识。

DES 算法是使用最广泛的一种分组密码算法。DES 是一个包含 16 个阶段的"替换——置换"的分组加密算法，它以 64 位为分组对数据加密。64 位的分组明文序列作为加密算法的输入，经过 16 轮加密得到 64 位的密文序列。每一个 S 盒对应 6 位输入序列，得到相应的 4 位输出序列，输入序列以一种非常特殊的方式对应 S 盒中的某一项，通过 S 盒的 6 个位输入确定了其对应的输出序列所在的行和列的值。假定将 S 盒的 6 位输入标记为 b_1、b_2、b_3、b_4、b_5、b_6。则 b_1 和 b_6 组合构成了一个 2 位的序列，该 2 位的序列对应一个介于 0 到 3 的十进制数字，该数字即表示输出序列在对应的 S 盒中所处的行；输入序列中 b_2 到 b_5 构成了一个 4 位的序列，该 4 位的序列对应一个介于 0 到 15 的十进制数字，该数字即表示输出序列在对应的 S 盒中所处的列，根据行和列的值可以确定相应的输出序列。

参考答案

（16）C

试题（17）

国产密码算法是指由国家密码研究相关机构自主研发，具有相关知识产权的商用密码算法。以下国产密码算法中，属于分组密码算法的是__（17）__。

（17）A．SM2　　　　B．SM3　　　　C．SM4　　　　D．SM9

试题（17）分析

本题考查国产密码算法的基础知识。

国产密码算法是指由国家密码研究相关机构自主研发，具有相关知识产权的商用密码算法。目前的国产密码算法中，SM2 属于非对称密码算法，SM3 属于散列算法，SM4 属于分组密码算法，SM9 属于基于标识的密码算法。

参考答案

（17）C

试题（18）

Hash 算法是指产生哈希值或杂凑值的计算方法。MD5 算法是由 Rivest 设计的 Hash 算法，该算法以 512 比特数据块为单位处理输入，产生__（18）__的哈希值。

（18）A．64 比特　　　B．128 比特　　　C．256 比特　　　D．512 比特

试题（18）分析

本题考查 Hash 算法 MD5 的相关知识。

Hash 算法是指产生哈希值或杂凑值的计算方法。MD5 算法是被广泛应用的一种 Hash 算法，该算法以 512 比特数据块为单位处理输入，产生 128 比特的哈希值。

参考答案

（18）B

试题（19）

数字签名是对以数字形式存储的消息进行某种处理，产生一种类似于传统手书签名功效的信息处理过程。数字签名最常见的实现方式是基于__（19）__。

（19）A．对称密码体制和哈希算法
　　　B．公钥密码体制和单向安全哈希算法
　　　C．序列密码体制和哈希算法
　　　D．公钥密码体制和对称密码体制

试题（19）分析

本题考查数字签名的相关知识。

数字签名是对以数字形式存储的消息进行某种处理，产生一种类似于传统手书签名功效的信息处理过程。常见的数字签名过程首先采用单向安全哈希算法对数据进行处理，再对输出的哈希值采用公钥密码体制进行签名。

参考答案

（19）B

试题（20）

Diffie-Hellman 密钥交换协议是一种共享秘密的方案，该协议是基于__（20）__的困难性。

（20）A．大素数分解问题　　　　　　B．离散对数问题
　　　C．椭圆离散对数问题　　　　　D．背包问题

试题（20）分析

本题考查 Diffie-Hellman 密钥交换协议的相关知识。

Diffie-Hellman 密钥交换协议是一种共享秘密的方案，该协议的目的是实现在两个用户之间安全交换一个秘密密钥。该协议的安全性依赖于计算离散对数的难度。

参考答案

（20）B

试题（21）

计算机网络为了实现资源共享，采用协议分层设计思想，每层网络协议都有地址信息，如网卡（MAC）地址、IP 地址、端口地址和域名地址。以下有关上述地址转换的描述错误的是__（21）__。

（21）A．DHCP 协议可以完成 IP 地址和端口地址的转换
　　　B．DNS 协议可以实现域名地址和 IP 地址之间的转换
　　　C．ARP 协议可以实现 MAC 地址和 IP 地址之间的转换
　　　D．域名地址和端口地址无法转换

试题（21）分析

本题考查计算机网络的基础知识。

计算机网络为了实现资源共享，采用协议分层设计思想，每层网络协议都有地址信息。计算机网络的 DHCP 协议是一个局域网网络协议，指的是由服务器控制一段 IP 地址范围，客户机登录服务器时，可以自动获得服务器分配的 IP 地址和子网掩码，该协议不能实现 IP 地址和端口地址的转换。

参考答案

（21）A

试题（22）

BLP 机密性模型中，安全级的顺序一般规定为：公开<秘密<机密<绝密。两个范畴集之间的关系是包含、被包含或无关。如果一个 BLP 机密性模型系统访问类如下：

文件 E 访问类：{机密：财务处，科技处}；

文件 F 访问类：{机密：人事处，财务处}；

用户 A 访问类：{绝密：人事处}；

用户 B 访问类：{绝密：人事处，财务处，科技处}。

则以下表述中，正确的是__（22）__。

（22）A．用户 A 不能读文件 F　　　　B．用户 B 不能读文件 F

　　　C．用户 A 能读文件 E　　　　　D．用户 B 不能读文件 E

试题（22）分析

本题考查访问控制模型的基础知识。

BLP 模型是一种安全访问控制模型，基于自主访问控制和强制访问控制两种方式实现。BLP 机密性模型中，安全级的顺序一般规定为：公开<秘密<机密<绝密。两个范畴集之间的关系是包含、被包含或无关。BLP 模型的基本安全策略是"下读上写"，即主体对客体向下读、向上写。主体可以读安全级别比它低或相等的客体，可以写安全级别比它高或相等的客体。

参考答案

（22）A

试题（23）

BiBa 模型主要用于防止非授权修改系统信息，以保护系统的信息完整性。该模型提出的"主体不能向上写"指的是__（23）__。

（23）A．简单安全特性　　　B．保密特性　　　C．调用特性　　　D．*特性

试题（23）分析

本题考查访问控制模型的相关知识。

BiBa 模型是一种强制访问控制模型，主要用于防止非授权修改系统信息，以保护系统的信息完整性。该模型提出的"主体不能向上写"指的是*特性。

参考答案

（23）D

试题（24）

PDRR 模型由防护（Protection）、检测（Detection）、恢复（Recovery）、响应（Response）四个重要环节组成。数据备份对应的环节是__（24）__。

（24）A．防护　　　　　B．检测　　　　　C．恢复　　　　　D．响应

试题（24）分析

本题考查网络安全模型的基础知识。

PDRR 模型是一种常用的网络安全模型，用来表示网络安全防护的体系结构。该模型由防护（Protection）、检测（Detection）、恢复（Recovery）、响应（Response）四个重要环节组

成,其中恢复环节的主要内容有数据备份、数据恢复、系统恢复等。

参考答案

(24) C

试题(25)

能力成熟度模型(CMM)是对一个组织机构的能力进行成熟度评估的模型。成熟度级别一般分为五级:1级-非正式执行、2级-计划跟踪、3级-充分定义、4级-量化控制、5级-持续优化。在软件安全能力成熟度模型中,漏洞评估过程属于__(25)__。

(25) A. CMM1级　　　B. CMM2级　　　C. CMM3级　　　D. CMM4级

试题(25)分析

本题考查能力成熟度模型的相关知识。

能力成熟度模型(CMM)是对一个组织机构的能力进行成熟度评估的模型。成熟度级别一般分为五级:1级-非正式执行、2级-计划跟踪、3级-充分定义、4级-量化控制、5级-持续优化。在软件安全能力成熟度模型中,漏洞评估过程属于CMM3级。

参考答案

(25) C

试题(26)

等级保护制度是中国网络安全保障的特色和基石,等级保护2.0新标准强化了可信计算技术使用的要求。其中安全保护等级__(26)__要求对应用程序的所有执行环节进行动态可信验证。

(26) A. 第一级　　　B. 第二级　　　C. 第三级　　　D. 第四级

试题(26)分析

本题考查等级保护2.0的相关知识。

2019年5月13日,网络安全等级保护2.0正式发布,该标准于2019年12月1日正式实施。在网络安全等级保护2.0的标准中,强化了可信计算技术使用的要求。网络安全等级保护2.0规定的网络安全保护等级共分为五级,其中安全保护等级第四级要求对应用程序的所有执行环节进行动态可信验证。

参考答案

(26) D

试题(27)

按照《计算机场地通用规范(GB/T 2887—2011)》的规定,计算机机房分为四类:主要工作房间、第一类辅助房间、第二类辅助房间和第三类辅助房间。以下属于第一类辅助房间的是__(27)__。

(27) A. 终端室　　　B. 监控室　　　C. 资料室　　　D. 储藏室

试题(27)分析

本题考查信息安全标准体系的相关知识。

《计算机场地通用规范(GB/T 2887—2011)》规定了计算机场地的术语、分类、要求、测试方法与验收规则,适用于新建、改建和扩建的各类计算机场地。该标准规定,计算机机房分为四类：主要工作房间、第一类辅助房间、第二类辅助房间和第三类辅助房间。其中，第一类辅助房间包括低压配电间、不间断电源室、蓄电池室、发电机室、气体钢瓶室、监控室等。

参考答案

（27）B

试题（28）

认证一般由标识和鉴别两部分组成。标识是用来代表实体对象的身份标志，确保实体的唯一性和可辨识性，同时与实体存在强关联。以下不适合作为实体对象身份标识的是__（28）__。

（28）A．常用 IP 地址 　　　　　　B．网卡地址
　　　 C．通信运营商信息 　　　　　D．用户名和口令

试题（28）分析

本题考查信息认证的基础知识。

认证一般由标识和鉴别两部分组成。标识是用来代表实体对象的身份标志，确保实体的唯一性和可辨识性，同时与实体存在强关联。通信运营商信息不能确保实体的唯一性和可辨识性，与实体也不存在强关联，因此不适合作为实体对象身份标识。

参考答案

（28）C

试题（29）

Kerberos 是一个网络认证协议，其目标是使用密钥加密为客户端/服务器应用程序提供强身份认证。一个 Kerberos 系统涉及四个基本实体：Kerberos 客户机、认证服务器 AS、票据发放服务器 TGS、应用服务器。其中，为用户提供服务的设备或系统被称为__（29）__。

（29）A．Kerberos 客户机 　　　　　B．认证服务器 AS
　　　 C．票据发放服务器 TGS 　　 D．应用服务器

试题（29）分析

本题考查 Kerberos 协议的相关知识。

Kerberos 是一个网络认证协议，其目标是使用密钥加密为客户端/服务器应用程序提供强身份认证。一个 Kerberos 系统涉及四个基本实体：Kerberos 客户机、认证服务器 AS、票据发放服务器 TGS、应用服务器。Kerberos 系统中，应用服务器是为用户提供服务的设备或系统。

参考答案

（29）D

试题（30）

公钥基础设施 PKI 是有关创建、管理、存储、分发和撤销公钥证书所需要的硬件、软件、人员、策略和过程的安全服务设施。公钥基础设施中，实现证书废止和更新功能的是__（30）__。

（30）A．CA 　　　 B．终端实体 　　 C．RA 　　 D．客户端

试题（30）分析

本题考查公钥基础设施 PKI 的相关知识。

公钥基础设施 PKI 是有关创建、管理、存储、分发和撤销公钥证书所需要的硬件、软件、人员、策略和过程的安全服务设施。一个典型的 PKI 系统包括终端实体、客户端、证书机构 CA、注册机构 RA 等。其中，实现证书废止和更新功能的是证书机构 CA。

参考答案

（30）A

试题（31）

访问控制是对信息系统资源进行保护的重要措施，适当的访问控制能够阻止未经授权的用户有意或者无意地获取资源。如果按照访问控制的对象进行分类，对文件读写进行访问控制属于__(31)__。

（31）A．网络访问控制　　　　　　　B．操作系统访问控制
　　　　C．数据库/数据访问控制　　　D．应用系统访问控制

试题（31）分析

本题考查访问控制的基础知识。

访问控制是对信息系统资源进行保护的重要措施，适当的访问控制能够阻止未经授权的用户有意或者无意地获取资源。按照访问控制的实现方式，访问控制可以分为自主访问控制、强制访问控制等。按照访问控制的对象，对文件读写进行访问控制属于操作系统访问控制。

参考答案

（31）B

试题（32）

自主访问控制是指客体的所有者按照自己的安全策略授予系统中的其他用户对其的访问权。自主访问控制的实现方法包括基于行的自主访问控制和基于列的自主访问控制两大类。以下形式属于基于列的自主访问控制的是__(32)__。

（32）A．能力表　　　B．前缀表　　　C．保护位　　　D．口令

试题（32）分析

本题考查访问控制的基础知识。

访问控制是对信息系统资源进行保护的重要措施，适当的访问控制能够阻止未经授权的用户有意或者无意地获取资源。按照访问控制的实现方式，访问控制可以分为自主访问控制、强制访问控制等。自主访问控制是指客体的所有者按照自己的安全策略授予系统中的其他用户对其的访问权。其中，保护位属于基于列的自主访问控制。

参考答案

（32）C

试题（33）

访问控制规则实际上就是访问约束条件集，是访问控制策略的具体实现和表现形式。常见的访问控制规则有基于用户身份、基于时间、基于地址、基于服务数量等多种情况。其中，根据用户完成某项任务所需要的权限进行控制的访问控制规则属于__(33)__。

（33）A．基于角色的访问控制规则　　　　　B．基于地址的访问控制规则
　　　　C．基于时间的访问控制规则　　　　　D．基于异常事件的访问控制规则

试题（33）分析

本题考查访问控制的基础知识。

访问控制规则实际上就是访问约束条件集，是访问控制策略的具体实现和表现形式。常见的访问控制规则有基于用户身份、基于时间、基于地址、基于服务数量等多种情况。其中基于角色的访问控制在用户集合与权限集合之间建立一个角色集合，每一种角色对应一组相应的权限，当用户被分配了适当的角色，该用户就拥有此角色的所有操作权限。因此，基于角色的访问控制规则是根据用户完成某项任务所需要的权限进行控制的访问控制规则。

参考答案

（33）A

试题（34）

IIS 是 Microsoft 公司提供的 Web 服务器软件，主要提供 Web 服务。IIS 的访问控制主要包括请求过滤、URL 授权控制、IP 地址限制、文件授权等安全措施。其中对文件夹的 NTFS 许可权限管理属于__（34）__。

（34）A．请求过滤　　　　　　　　　　　　B．URL 授权控制
　　　　C．IP 地址限制　　　　　　　　　　　D．文件授权

试题（34）分析

本题考查访问控制的基础知识。

IIS 访问控制权限仅允许服务器管理员和企业所有者更新网站内容，允许公共用户查看该网站，但是该网站的内容不能更改。若要以 IIS 访问控制权限的方式控制对目录和文件的访问，必须使用 NTFS 格式的驱动器。IIS 访问控制主要包括请求过滤、URL 授权控制、IP 地址限制、文件授权等安全措施。IIS 访问控制中，对文件夹的 NTFS 许可权限管理属于文件授权。

参考答案

（34）D

试题（35）

防火墙是由一些软件、硬件组成的网络访问控制器，它根据一定的安全规则来控制流过防火墙的网络数据包，从而起到网络安全屏障的作用。防火墙不能实现的功能是__（35）__。

（35）A．限制网络访问　　　　　　　　　　B．网络带宽控制
　　　　C．网络访问审计　　　　　　　　　　D．网络物理隔离

试题（35）分析

本题考查防火墙的基础知识。

防火墙是由一些软件、硬件组成的网络访问控制器，它根据一定的安全规则来控制流过防火墙的网络数据包，从而起到网络安全屏障的作用。防火墙可以实现的功能包括限制网络访问、网络带宽控制、网络访问审计等，其不能实现网络物理隔离。

参考答案

（35）D

试题（36）

包过滤是在 IP 层实现的防火墙技术，根据包的源 IP 地址、目的 IP 地址、源端口、目的端口及包传递方向等包头信息判断是否允许包通过。包过滤型防火墙扩展 IP 访问控制规则的格式如下：

  access-list list-number{**deny|permit**}protocol
    source source-wildcard source-qualifiers
      destination destination-wildcard destination-qualifiers**[log|log-input]**

则以下说法错误的是 __(36)__ 。

（36）A．source 表示来源的 IP 地址
   B．deny 表示若经过过滤器的包条件匹配，则允许该包通过
   C．destination 表示目的 IP 地址
   D．log 表示记录符合规则条件的网络包

试题（36）分析

本题考查防火墙的基础知识。

防火墙是由一些软件、硬件组成的网络访问控制器，它根据一定的安全规则来控制流过防火墙的网络数据包，从而起到网络安全屏障的作用。包过滤技术利用路由器监视并过滤网络上流入流出的 IP 包，拒绝发送可疑的包。包过滤是在 IP 层实现的防火墙技术，根据包的源 IP 地址、目的 IP 地址、源端口、目的端口及包传递方向等包头信息判断是否允许包通过。包过滤技术中，deny 表示若经过过滤器的包条件不匹配，则禁止该包通过。

参考答案

（36）B

试题（37）

以下有关网站攻击防护及安全监测技术的说法，错误的是 __(37)__ 。

（37）A．Web 应用防火墙针对 80、443 端口
   B．包过滤防火墙只能基于 IP 层过滤网站恶意包
   C．利用操作系统的文件调用事件来检测网页文件的完整性变化，可以发现网站被非授权修改
   D．网络流量清洗可以过滤掉针对目标网络攻击的恶意网络流量

试题（37）分析

本题考查网站攻击防护及安全监测技术的相关知识。

在安全监测技术中，包过滤不仅仅是依据 IP 层所涉及的字段，还可以是传输层的源端口、目的端口甚至连接状态等信息。Web 应用防火墙针对 80、443 端口。网络流量清洗可以过滤掉针对目标网络攻击的恶意网络流量。由于篡改网站内容会触及网页文件的修改，从而导致文件系统的操作，因此通过操作系统的文件调用事件来检测网页文件的完整性变化是可行的。

第 7 章　2021 下半年信息安全工程师上午试题分析与解答

参考答案

（37）B

试题（38）

通过 VPN 技术，企业可以在远程用户、分支部门、合作伙伴之间建立一条安全通道，实现 VPN 提供的多种安全服务。VPN 不能提供的安全服务是__（38）__。

（38）A．保密性服务　　　　　　　　B．网络隔离服务
　　　C．完整性服务　　　　　　　　D．认证服务

试题（38）分析

本题考查虚拟专用网 VPN 的相关知识。

VPN 被定义为通过一个公用网络（通常是因特网）建立一个临时的、安全的连接，是一条穿过混乱的公用网络的安全、稳定的隧道。虚拟专用网是对企业内部网的扩展。VPN 的基本原理是：在公共通信网上为需要进行保密通信的通信双方建立虚拟的专用通信通道，并且所有传输数据均经过加密后再在网络中进行传输，这样做可以有效保证机密数据传输的安全性。VPN 可以提供的安全服务包括保密性服务、完整性服务和认证服务，VPN 不能实现网络隔离。

参考答案

（38）B

试题（39）

按照 VPN 在 TCP/IP 协议层的实现方式，可以将其分为链路层 VPN、网络层 VPN、传输层 VPN。以下属于网络层 VPN 实现方式的是__（39）__。

（39）A．多协议标签交换 MPLS　　　　B．ATM
　　　C．Frame Relay　　　　　　　　D．隧道技术

试题（39）分析

本题考查虚拟专用网 VPN 的相关知识。

VPN 的基本原理是：在公共通信网上为需要进行保密通信的通信双方建立虚拟的专用通信通道，并且所有传输数据均经过加密后再在网络中进行传输，这样做可以有效保证机密数据传输的安全性。隧道技术指的是利用一种网络协议来传输另一种网络协议，主要利用网络隧道协议来实现，隧道技术属于网络层 VPN 实现方式。

参考答案

（39）D

试题（40）

在 IPSec 虚拟专用网当中，提供数据源认证的协议是__（40）__。

（40）A．SKIP　　　B．IP AH　　　C．IP ESP　　　D．ISAKMP

试题（40）分析

本题考查 IPSec VPN 的基础知识。

IPSec VPN 在公网上为两个私有网络提供安全通信通道，通过加密通道保证连接的安全，在两个公共网关间提供私密数据封包服务。IPSec VPN 中，由 IP AH 协议提供数据源认证。

参考答案

（40）B

试题（41）

通用入侵检测框架模型（CIDF）由事件产生器、事件分析器、响应单元和事件数据库四个部分组成。其中向系统其他部分提供事件的是__(41)__。

（41）A．事件产生器　　　　　　　　　B．事件分析器
　　　 C．响应单元　　　　　　　　　　D．事件数据库

试题（41）分析

本题考查入侵检测的相关知识。

入侵检测技术是一种主动防御技术，通过收集和分析网络行为、安全日志、审计数据、其他网络上可以获得的信息以及计算机系统中若干关键点的信息，检查网络或系统中是否存在违反安全策略的行为和被攻击的迹象。通用入侵检测框架模型（CIDF）由事件产生器、事件分析器、响应单元和事件数据库四个部分组成。其中，事件产生器向系统其他部分提供事件。

参考答案

（41）A

试题（42）

蜜罐技术是一种基于信息欺骗的主动防御技术，是入侵检测技术的一个重要发展方向。蜜罐为了实现一台计算机绑定多个IP地址，可以使用__(42)__协议来实现。

（42）A．ICMP　　　　B．DHCP　　　　C．DNS　　　　D．ARP

试题（42）分析

本题考查蜜罐技术的基础知识。

蜜罐技术是一种对攻击方进行欺骗的技术，通过布置一些作为诱饵的主机、网络服务或者信息，诱使攻击方对它们实施攻击，从而可以对攻击行为进行捕获和分析，了解攻击方所使用的工具与方法，推测攻击意图和动机，能够让防御方清晰地了解他们所面对的安全威胁，并通过技术和管理手段来增强实际系统的安全防护能力。蜜罐可以使用 ARP 协议实现一台计算机绑定多个 IP 地址。

参考答案

（42）D

试题（43）

基于网络的入侵检测系统（NIDS）通过侦听网络系统，捕获网络数据包，并依据网络包是否包含攻击特征，或者网络通信流是否异常来识别入侵行为。以下不适合采用 NIDS 检测的入侵行为是__(43)__。

（43）A．分布式拒绝服务攻击　　　　　B．缓冲区溢出
　　　 C．注册表修改　　　　　　　　　D．协议攻击

试题（43）分析

本题考查入侵检测的相关知识。

入侵检测技术通过收集和分析网络行为、安全日志、审计数据、其他网络上可以获得的信息以及计算机系统中若干关键点的信息，检查网络或系统中是否存在违反安全策略的行为和被攻击的迹象。入侵检测根据数据来源分为基于主机的入侵检测和基于网络的入侵检测。基于网络的入侵检测系统适合于检测分布式拒绝服务攻击、缓冲区溢出、协议攻击等入侵行为。

参考答案

（43）C

试题（44）

网络物理隔离有利于强化网络安全的保障，增强涉密网络的安全性。以下关于网络物理隔离实现技术的表述，错误的是__(44)__。

（44）A．物理断开可以实现处于不同安全域的网络之间以间接的方式相连接

　　　　B．内外网线路切换器通过交换盒的开关设置控制计算机的网络物理连接

　　　　C．单硬盘内外分区技术将单台物理 PC 虚拟成逻辑上的两台 PC

　　　　D．网闸通过具有控制功能的开关来连接或切断两个独立主机系统的数据交换

试题（44）分析

本题考查网络隔离的基础知识。

物理隔离，是指采用物理方法将内网与外网隔离，从而避免入侵或信息泄露的风险的技术手段。物理断开状态下，处于不同安全域的网络之间肯定不存在直接或者间接相连接的状态。

参考答案

（44）A

试题（45）

操作系统审计一般是对操作系统用户和系统服务进行记录，主要包括：用户登录和注销、系统服务启动和关闭、安全事件等。Linux 操作系统中，文件 lastlog 记录的是__(45)__。

（45）A．系统开机自检日志　　　　B．当前用户登录日志

　　　　C．最近登录日志　　　　　　D．系统消息

试题（45）分析

本题考查操作系统安全的相关知识。

操作系统审计是实现操作系统安全的重要安全机制，一般是对操作系统用户和系统服务进行记录，主要包括：用户登录和注销、系统服务启动和关闭、安全事件等。Linux 操作系统中，文件 lastlog 记录的是最近登录日志。

参考答案

（45）C

试题（46）

关键信息基础设施的核心操作系统、关键数据库一般设有操作员、安全员和审计员三种角色类型。以下表述错误的是__(46)__。

（46）A．操作员只负责对系统的操作维护工作

B. 安全员负责系统安全策略配置和维护

C. 审计员可以查看操作员、安全员的工作过程日志

D. 操作员可以修改自己的操作记录

试题（46）分析

本题考查关键信息基础设施安全的基础知识。

关键信息基础设施的核心操作系统、关键数据库一般设有操作员、安全员和审计员三种角色类型。关键信息基础设施中，操作员也不可以修改自己的操作记录。

参考答案

（46）D

试题（47）

网络流量数据挖掘分析是对采集到的网络流量数据进行挖掘，提取网络流量信息，形成网络审计记录。网络流量数据挖掘分析主要包括：邮件收发协议审计、网页浏览审计、文件共享审计、文件传输审计、远程访问审计等。其中文件传输审计主要针对__（47）__协议。

（47）A. SMTP   B. FTP   C. Telnet   D. HTTP

试题（47）分析

本题考查网络流量数据挖掘的相关知识。

网络流量分析是记录和分析网络流量，以性能、安全性、网络操作、管理和排障为目的分析网络流量的过程。网络流量数据挖掘分析是对采集到的网络流量数据进行挖掘，提取网络流量信息，形成网络审计记录。网络流量数据挖掘分析主要包括：邮件收发协议审计、网页浏览审计、文件共享审计、文件传输审计、远程访问审计等。其中文件传输审计主要针对FTP协议。

参考答案

（47）B

试题（48）

网络安全漏洞是网络安全管理工作的重要内容，网络信息系统的漏洞主要来自两个方面：非技术性安全漏洞和技术性安全漏洞。以下属于非技术性安全漏洞主要来源的是__（48）__。

（48）A. 缓冲区溢出   B. 输入验证错误

    C. 网络安全特权控制不完备   D. 配置错误

试题（48）分析

本题考查网络安全漏洞的基础知识。

网络安全漏洞是网络系统在需求、设计、实现、配置、运行等过程中，无意或有意产生的缺陷或薄弱点，是网络安全管理工作的重要内容。网络信息系统的漏洞主要来自两个方面：非技术性安全漏洞和技术性安全漏洞。常见的技术性安全漏洞包括缓冲区溢出、输入验证错误、配置错误。网络安全特权控制不完备属于非技术性安全漏洞。

参考答案

（48）C

试题（49）

在 Linux 系统中，可用 __(49)__ 工具检查进程使用的文件、TCP/UDP 端口、用户等相关信息。

(49) A．ps   B．lsof   C．top   D．pwck

试题（49）分析

本题考查 Linux 系统的相关知识。

Linux 系统是一个基于 POSIX 的多用户、多任务、支持多线程和多 CPU 的操作系统。在 Linux 系统中，可用 lsof 工具检查进程使用的文件、TCP/UDP 端口、用户等相关信息。

参考答案

(49) B

试题（50）

计算机病毒是一组具有自我复制、传播能力的程序代码。常见的计算机病毒类型包括引导型病毒、宏病毒、多态病毒、隐蔽病毒等。磁盘杀手病毒属于 __(50)__ 。

(50) A．引导型病毒   B．宏病毒   C．多态病毒   D．隐蔽病毒

试题（50）分析

本题考查计算机病毒的基础知识。

计算机病毒是一组具有自我复制、传播能力的程序代码，具有传染性、隐蔽性、感染性、潜伏性、可激发性、表现性或破坏性。常见的计算机病毒类型包括引导型病毒、宏病毒、多态病毒、隐蔽病毒等。引导型病毒是一种主攻感染驱动扇区和硬盘系统引导扇区的病毒。磁盘杀手病毒属于引导型病毒。

参考答案

(50) A

试题（51）

网络蠕虫是恶意代码的一种类型，具有自我复制和传播能力，可以独立自动运行。网络蠕虫的四个功能模块包括 __(51)__ 。

(51) A．扫描模块、感染模块、破坏模块、负载模块
   B．探测模块、传播模块、蠕虫引擎模块、负载模块
   C．扫描模块、传播模块、蠕虫引擎模块、破坏模块
   D．探测模块、传播模块、负载模块、破坏模块

试题（51）分析

本题考查网络蠕虫的相关知识。

网络蠕虫是恶意代码的一种类型，具有自我复制和传播能力，可以独立自动运行。网络蠕虫包含的四个功能模块分别是探测模块、传播模块、蠕虫引擎模块、负载模块。

参考答案

(51) B

试题（52）

入侵防御系统IPS的主要作用是过滤掉有害网络信息流,阻断入侵者对目标的攻击行为。

IPS 的主要安全功能不包括__(52)__。

  (52) A．屏蔽指定 IP 地址　　　　　　B．屏蔽指定网络端口
    　C．网络物理隔离　　　　　　　　D．屏蔽指定域名

试题（52）分析

  本题考查入侵防御系统的相关知识。

  入侵防御系统 IPS 的主要作用是过滤掉有害网络信息流，阻断入侵者对目标的攻击行为。从功能上来说，入侵防御系统 IPS 是对防病毒软件和防火墙的补充，其主要安全功能包括屏蔽指定 IP 地址、屏蔽指定网络端口、屏蔽指定域名。

参考答案

  (52) C

试题（53）

  隐私保护技术的目标是通过对隐私数据进行安全修改处理，使得修改后的数据可以公开发布而不会遭受隐私攻击。隐私保护的常见技术有抑制、泛化、置换、扰动、裁剪等。其中在数据发布时添加一定的噪声的技术属于__(53)__。

  (53) A．抑制　　　　B．泛化　　　　C．置换　　　　D．扰动

试题（53）分析

  本题考查隐私保护技术的基础知识。

  隐私保护技术的目标是通过对隐私数据进行安全修改处理，使得修改后的数据可以公开发布而不会遭受隐私攻击。隐私保护的常见技术有抑制、泛化、置换、扰动、裁剪等。其中扰动是在数据发布时添加一定的噪声，包括数据增删、变换等。

参考答案

  (53) D

试题（54）

  为了保护个人信息安全，规范 App 的应用，国家有关部门已发布了《信息安全技术　移动互联网应用程序（App）收集个人信息基本规范（草案）》。其中，针对 Android 6.0 及以上的可收集个人信息的权限，给出了服务类型的最小必要权限参考范围。根据该规范，具有位置权限的服务类型包括__(54)__。

  (54) A．网络支付、金融借贷　　　　　B．网上购物、即时通信
    　C．餐饮外卖、运动健身　　　　　D．问诊挂号、求职招聘

试题（54）分析

  本题考查个人信息保护的基础知识。

  为了保护个人信息安全，规范 App 的应用，国家有关部门已发布了《信息安全技术　移动互联网应用程序（App）收集个人信息基本规范（草案）》。该规范针对 Android 6.0 及以上的可收集个人信息的权限，给出了服务类型的最小必要权限参考范围。其中规定：餐饮外卖、运动健身等 App 具有位置权限。

参考答案

  (54) C

试题（55）

威胁效果是指威胁成功后，给网络系统造成的影响。电子邮件炸弹能使用户在很短的时间内收到大量电子邮件，严重时会使系统崩溃、网络瘫痪。该威胁属于__（55）__。

（55）A．欺骗　　　　　B．非法访问　　　　C．拒绝服务　　　　D．暴力破解

试题（55）分析

本题考查信息安全风险评估的基础知识。

威胁效果是指威胁成功后，给网络系统造成的影响。一般来说，威胁效果分为三种：非法访问、欺骗、拒绝服务。电子邮件炸弹能使用户在很短的时间内收到大量电子邮件，严重时会使系统崩溃、网络瘫痪。该威胁属于拒绝服务。

参考答案

（55）C

试题（56）

通过网络传播法律法规禁止的信息，炒作敏感问题并危害国家安全、社会稳定和公众利益的事件，属于__（56）__。

（56）A．信息内容安全事件　　　　B．信息破坏事件
　　　　C．网络攻击事件　　　　　　D．有害程序事件

试题（56）分析

本题考查信息内容安全的相关知识。

信息内容安全事件是指通过网络传播法律法规禁止的信息，组织非法串联、煽动集会游行或炒作敏感问题并危害国家安全、社会稳定和公众利益的事件。

参考答案

（56）A

试题（57）

文件完整性检查的目的是发现受害系统中被篡改的文件或操作系统的内核是否被替换。对于 Linux 系统，网络管理员可使用__（57）__命令直接把系统中的二进制文件和原始发布介质上对应的文件进行比较。

（57）A．who　　　　　B．find　　　　　C．arp　　　　　D．cmp

试题（57）分析

本题考查 Linux 系统的相关知识。

Linux 系统是一个基于 POSIX 的多用户、多任务、支持多线程和多 CPU 的操作系统。在 Linux 系统中，网络管理员可使用 cmp 命令直接把系统中的二进制文件和原始发布介质上对应的文件进行比较。

参考答案

（57）D

试题（58）

入侵取证是指通过特定的软件和工具，从计算机及网络系统中提取攻击证据。以下网络安全取证步骤正确的是__（58）__。

(58) A. 取证现场保护-证据识别-保存证据-传输证据-分析证据-提交证据
　　　B. 取证现场保护-证据识别-传输证据-保存证据-分析证据-提交证据
　　　C. 取证现场保护-保存证据-证据识别-传输证据-分析证据-提交证据
　　　D. 取证现场保护-证据识别-提交证据-传输证据-保存证据-分析证据

试题（58）分析

本题考查考生对计算机取证技术的理解。

计算机证据指在计算机系统运行过程中产生的以其记录的内容来证明案件事实的电磁记录物。计算机取证是指运用计算机辨析技术，对计算机犯罪行为进行分析以确认罪犯及计算机证据，也就是针对计算机入侵与犯罪，进行证据获取、保存、分析和出示。网络安全取证的正确步骤是：取证现场保护—证据识别—传输证据—保存证据—分析证据—提交证据。

参考答案

(58) B

试题（59）

端口扫描的目的是找出目标系统上提供的服务列表。以下端口扫描技术中，需要第三方机器配合的是___(59)___。

　　(59) A. 完全连接扫描　　　　　　　B. SYN 扫描
　　　　　C. ID 头信息扫描　　　　　　D. ACK 扫描

试题（59）分析

本题考查端口扫描的相关知识。

端口扫描是指逐个对一段端口或指定的端口进行扫描，扫描的目的是找出目标系统上提供的服务列表。端口扫描的基本原理是当一个主机向远端一个服务器的某一个端口提出建立一个连接的请求，如果对方有此项服务，就会应答，如果对方未安装此项服务时，即使你向相应的端口发出请求，对方仍无应答。端口扫描技术中，ID 头信息扫描需要第三方机器的配合。

参考答案

(59) C

试题（60）

安全渗透测试通过模拟攻击者对测评对象进行安全攻击，以验证安全防护机制的有效性。其中需要提供部分测试对象信息，测试团队根据所获取的信息，模拟不同级别的威胁者进行渗透测试，这属于___(60)___。

　　(60) A. 黑盒测试　　　　　　　　B. 白盒测试
　　　　　C. 灰盒测试　　　　　　　　D. 盲盒测试

试题（60）分析

本题考查渗透测试的基础知识。

安全渗透测试是一项在计算机系统上进行的授权模拟攻击，通过模拟攻击者对测评对象进行安全攻击，以验证安全防护机制的有效性。安全渗透测试包括从一个攻击者可能存在的位置对系统的任何弱点、技术缺陷或漏洞的主动分析。安全渗透测试分为黑盒测试、白盒测试、灰盒测试。其中需要提供部分测试对象信息,测试团队根据所获取的信息,模拟不同级别的威胁者进行渗透测试属于灰盒测试。

参考答案

(60) C

试题(61)

《计算机信息系统安全保护等级划分准则(GB 17859—1999)》规定,计算机信息系统安全保护能力分为五个等级,其中提供系统恢复机制的是___(61)___。

(61) A. 系统审计保护级　　　　　　B. 安全标记保护级
　　　C. 结构化保护级　　　　　　　D. 访问验证保护级

试题(61)分析

本题考查等级保护的相关知识。

《计算机信息系统安全保护等级划分准则(GB 17859—1999)》将计算机信息系统安全保护能力分为五个等级:第一级用户自主保护级,第二级系统审计保护级,第三级安全标记保护级,第四级结构化保护级,第五级访问验证保护级。其中提供系统恢复机制的是访问验证保护级。

参考答案

(61) D

试题(62)

Android是一个开源的移动终端操作系统,共分成Linux内核层、系统运行库层、应用程序框架层和应用程序层四个部分。显示驱动位于___(62)___。

(62) A. Linux内核层　　　　　　　　B. 系统运行库层
　　　C. 应用程序框架层　　　　　　D. 应用程序层

试题(62)分析

本题考查Android系统的基础知识。

Android系统是一种基于Linux内核(不包含GNU组件)的自由及开放源代码的操作系统,共分成Linux内核层、系统运行库层、应用程序框架层和应用程序层四个部分。显示驱动位于Linux内核层。

参考答案

(62) A

试题(63)

网络安全管理是对网络系统中网管对象的风险进行控制,给操作系统打补丁属于___(63)___方法。

(63) A. 避免风险　　　B. 转移风险　　　C. 减少风险　　　D. 消除风险

试题(63)分析

本题考查网络安全管理的基础知识。

网络安全管理是对网络系统中网管对象的风险进行控制。网络安全风险管理有助于确保以最适当的方式保护组织中的技术、系统和信息,并将资源集中在对组织业务最重要的事情上。其中给操作系统打补丁是一种消除风险的方法。

参考答案

（63）D

试题（64）

日志文件是 Windows 系统中一个比较特殊的文件，它记录 Windows 系统的运行状况，如各种系统服务的启动、运行、关闭等信息。Windows 日志中，安全日志对应的文件名为__（64）__。

（64）A．SecEvent.evt   B．AppEvent.evt
   C．SysEvent.evt   D．CybEvent.evt

试题（64）分析

本题考查 Windows 系统的基础知识。

Windows 系统中的日志文件记录 Windows 系统的运行状况，如各种系统服务的启动、运行、关闭等信息。Windows 日志中，安全日志对应的文件名为 SecEvent.evt。

参考答案

（64）A

试题（65）

最小化配置服务是指在满足业务的前提下，尽量关闭不需要的服务和网络端口，以减少系统潜在的安全危害。以下实现 Linux 系统网络服务最小化的操作，正确的是__（65）__。

（65）A．inetd.conf 的文件权限设置为 644
   B．services 的文件权限设置为 600
   C．inetd.conf 的文件属主为 root
   D．关闭与系统业务运行有关的网络通信端口

试题（65）分析

本题考查 Linux 系统的相关知识。

最小化配置服务是操作系统中一项基本的安全机制，指在满足业务的前提下，尽量关闭不需要的服务和网络端口，以减少系统潜在的安全危害。Linux 系统中，inetd.conf 的文件属主为 root 可以实现网络服务最小化的操作。

参考答案

（65）C

试题（66）

数据库脱敏是指利用数据脱敏技术将数据库中的数据进行变换处理，在保持数据按需使用目标的同时，又能避免敏感数据外泄。以下技术中，不属于数据脱敏技术的是__（66）__。

（66）A．屏蔽   B．变形   C．替换   D．访问控制

试题（66）分析

本题考查数据库安全的基础知识。

数据库脱敏是指利用数据脱敏技术将数据库中的数据进行变换处理，在保持数据按需使用目标的同时，又能避免敏感数据外泄。常见的数据库脱敏技术有屏蔽、变形、替换等。

参考答案

（66）D

试题（67）

Oracle 数据库提供认证、访问控制、特权管理、透明加密等多种安全机制和技术。以下关于 Oracle 数据库的表述，错误的是__（67）__。

（67）A．Oracle 数据库的认证方式采用"用户名+口令"的方式

　　　B．Oracle 数据库不支持第三方认证

　　　C．Oracle 数据库具有口令加密和复杂度验证等安全功能

　　　D．Oracle 数据库提供细粒度访问控制

试题（67）分析

本题考查数据库安全的基础知识。

Oracle 数据库是甲骨文公司的一款关系数据库管理系统，具有可移植性好、使用方便、功能强等优点，是一种高效率、可靠性好、适应高吞吐量的数据库。Oracle 数据库可以提供认证、访问控制、特权管理、透明加密等多种安全机制和技术，支持第三方认证。

参考答案

（67）B

试题（68）

交换机是构成网络的基础设备，主要功能是负责网络通信数据包的交换传输。交换机根据功能变化分为五代，其中第二代交换机又称为以太网交换机，其工作于 OSI（开放系统互连参考模型）的__（68）__。

（68）A．物理层　　　B．数据链路层　　　C．网络层　　　D．应用层

试题（68）分析

本题考查交换机的相关知识。

交换机的主要功能是负责网络通信数据包的交换传输，它是构成网络的基础设备。交换机根据功能变化分为五代，其中第二代交换机又称为以太网交换机，其工作于 OSI 的数据链路层，通过识别数据中的 MAC 地址信息，根据 MAC 地址选择转发端口。

参考答案

（68）B

试题（69）

Apache Httpd 是一个用于搭建 Web 服务器的开源软件。Apache Httpd 配置文件中，负责基本读取文件控制的是__（69）__。

（69）A．httpd.conf　　　B．srm.conf　　　C．access.conf　　　D．mime.conf

试题（69）分析

本题考查开源软件 Apache Httpd 的基础知识。

Apache Httpd 是一个针对之前出现的若干个 Web 服务器程序进行整合完善形成的软件，是用于搭建 Web 服务器的开源软件。Apache Httpd 配置文件中，负责基本读取文件控制的是 access.conf。

参考答案

（69）C

试题（70）

口令是保护路由器安全的有效方法，一旦口令信息泄露就会危及路由器安全。因此，路由器的口令存放应是密文。在路由器配置时，使用__（70）__命令保存口令密文。

（70）A．Enable secret　　　　　　B．key chain

　　　C．key-string　　　　　　　 D．no ip finger

试题（70）分析

本题考查路由器口令安全的相关知识。

为了保护路由器口令的安全，路由器的口令应该以密文形式进行保存。在路由器配置时，保存口令密文的命令是 Enable secret。

参考答案

（70）A

试题（71）～（75）

Methods for __(71)__ people differ significantly from those for authenticating machines and programs, and this is because of the major differences in the capabilities of people versus computers. Computers are great at doing __(72)__ calculations quickly and correctly, and they have large memories into which they can store and later retrieve Gigabytes of information. Humans don't. So we need to use different methods to authenticate people. In particular, the __(73)__ protocols we've already discussed are not well suited if the principal being authenticated is a person (with all the associated limitations).

All approaches for human authentication rely on at least one of the following:

- Something you know (eg. a password). This is the most common kind of authentication used for humans. We use passwords every day to access our systems. Unfortunately, something that you know can become something you just forgot. And if you write it down, then other people might find it.

- Something you __(74)__ (eg. a smart card). This form of human authentication removes the problem of forgetting something you know, but some object now must be with you any time you want to be authenticated. And such an object might be stolen and then becomes something the attacker has.

- Something you are (eg. a fingerprint). Base authentication on something __(75)__ to the principal being authenticated. It's much harder to lose a fingerprint than a wallet. Unfortunately, biometric sensors are fairly expensive and (at present) not very accurate.

（71）A．Authenticating　B．authentication　C．authorizing　　D．authorization

（72）A．much　　　　　 B．huge　　　　　 C．large　　　　　D．big

（73）A．Network　　　B．Cryptographic　C．Communication　D．security
（74）A．are　　　　　B．have　　　　　C．can　　　　　　D．owned
（75）A．unique　　　　B．expensive　　　C．important　　　D．intrinsic

参考译文

验证用户身份的方法与验证机器和程序的方法有很大不同，这是因为用户与计算机的能力存在重大差异。计算机擅长快速、准确地进行大型计算，它们拥有巨大的内存，可以存储和检索千兆字节的信息，人类却没有这些特长。因此，我们需要使用不同的方法来验证用户身份。特别是，如果被认证的主体是人（具有相关限制），那么我们已经讨论的加密协议并不适合。

用户身份验证的所有方法至少依赖以下方式中的一种：

- 你知道的东西（如密码）。这是最常见的用户身份验证方式，我们每天使用密码访问我们的系统。不幸的是，你知道的东西可能会变成你刚刚忘记的东西，如果你把它写下来，其他人可能会找到它。
- 你拥有的东西（如智能卡）。这种形式的用户身份验证消除了忘记某些你知道的东西的隐患。但当你想要验证身份的时候，你都必须提供一些东西，这些东西可能会被盗，然后被攻击者所拥有。
- 你自身的东西（如指纹）。这种验证方式将身份验证建立在被验证主体的固有属性上，因为丢失指纹比丢失钱包要难得多。不幸的是，生物特征传感器相当昂贵，而且目前还不太精确。

参考答案

（71）A　（72）C　（73）B　（74）B　（75）D

第 8 章 2021 下半年信息安全工程师下午试题分析与解答

试题一（共 20 分）

阅读下列说明和图，回答问题 1 至问题 5，将解答填入答题纸的对应栏内。

【说明】

在某政府单位信息中心工作的李工主要负责网站的设计、开发工作。为了确保部门新业务的顺利上线，李工邀请信息安全部的王工按照等级保护 2.0 的要求对其开展安全测评。李工提供网站所在的网络拓扑图如图 1-1 所示。图中，网站服务器的 IP 地址是 192.168.70.140，数据库服务器的 IP 地址是 192.168.70.141。

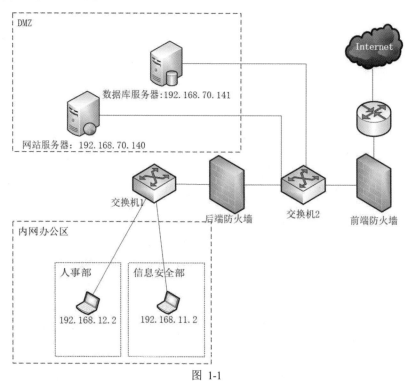

图 1-1

王工接到网站安全测评任务以后，决定在内网办公区的信息安全部开展各项运维工作。王工使用的办公电脑 IP 地址为 192.168.11.2。

【问题1】（2分）

按照等级保护 2.0 的要求，政府网站的定级不应低于几级？该等级的测评每几年开展一次？

【问题2】（6分）

按照网络安全测评的实施方式，测评主要包括安全功能检测、安全管理检测、代码安全审查、安全渗透、信息系统攻击测试等。王工调阅了部分网站后台处理代码，发现网站某页面的数据库查询代码存在安全漏洞，代码如下：

```php
1   <?php
2   if (isset($_GET['Submit'])) {
3
4       // Retrieve data
5       $id = $_GET['id'];
6
7       $getid = "SELECT first_name, last_name FROM users WHERE user_id = '$id'";
8       $result = mysql_query($getid) or die('<pre>' . mysql_error() . '</pre>');
9
10      $num = mysql_numrows($result);
11
12      $i = 0;
13      while($i < $num){
14
15          $first = mysql_result($result, $i, "first_name");
16          $last = mysql_result($result, $i, "last_name");
17
18          ehco '<pre>';
19          echo 'ID: ' . $id . '<br>First name: '.$first . '<br>Surname: ' . $last;
20          echo '</pre>';
21
22          $i++;
23      }
24  }
25  ?>
```

（1）请问上述代码存在哪种漏洞？

（2）为了进一步验证自己的判断，王工在该页面的编辑框中输入了漏洞测试语句，发起测试。请问王工最有可能输入的测试语句对应以下哪个选项？

    A．or 1=1-- order by 1　　　　　　B．1 or '1'='1'=1 order by 1#

    C．1'or 1=1 order by 1#　　　　　　D．1'and '1'='2' order by 1#

（3）根据上述代码，网站后台使用的是哪种数据库系统？

（4）王工对数据库中保存口令的数据表进行检查的过程中，发现口令为明文保存，遂给出整改建议，建议李工对源码进行修改，以加强口令的安全防护，降低敏感信息泄露风险。下面给出四种在数据库中保存口令信息的方法，李工应当采用哪一种口令安全实践方法？

    A．Base64　　　　B．MD5　　　　C．哈希加盐　　　　D．加密存储

【问题3】（2分）

按照等级保护 2.0 的要求，系统当中没有必要开放的服务应当尽量关闭。王工在命令行窗口运行了一条命令，端口开放情况一目了然。请给出王工所运行命令的名字。

【问题 4】（2 分）

防火墙是网络安全区域边界保护的重要技术，防火墙防御体系结构主要有基于双宿主主机防火墙、基于代理型防火墙和基于屏蔽子网的防火墙。图 1-1 拓扑图中的防火墙布局属于哪种体系结构类型？

【问题 5】（8 分）

根据李工提供的网络拓扑图，王工建议部署开源的 Snort 入侵检测系统以提高整体的安全检测和态势感知能力。

（1）针对王工建议，李工查阅了入侵检测系统的基本组成和技术原理等资料。请问以下有关 Snort 入侵检测系统的描述哪几项是正确的？（2 分）

    A．基于异常的检测系统　　　　　　B．基于误用的检测系统

    C．基于网络的入侵检测系统　　　　D．基于主机的入侵检测系统

（2）为了部署 Snort 入侵检测系统，李工应该把入侵检测系统连接到图 1-1 网络拓扑中的哪台交换机？（1 分）

（3）李工还需要把网络流量导入入侵检测系统才能识别流量中的潜在攻击。图 1-1 中使用的均为华为交换机，李工要将交换机网口 GigabitEthernet1/0/2 的流量镜像到部署 Snort 的网口 GigabitEthernet1/0/1 上，他应该选择下列选项中哪一个配置？（2 分）

    A．observe-port 1 interface GigabitEthernet1/0/2
       interface GigabitEthernet1/0/1
       port-mirroring to observe-port 1 inbound/outbound/both

    B．observe-port 2 interface GigabitEthernet1/0/2
       interface GigabitEthernet1/0/1
       port-mirroring to observe-port 1 inbound/outbound/both

    C．port-mirroring to observe-port 1 inbound/outbound/both
       observe-port 1 interface GigabitEthernet1/0/2
       interface GigabitEthernet1/0/1

    D．observe-port 1 interface GigabitEthernet1/0/1
       interface GigabitEthernet1/0/2
       port-mirroring to observe-port 1 inbound/outbound/both

（4）Snort 入侵检测系统部署不久，就发现了一起网络攻击。李工打开攻击分组查看，发现很多字符看起来不像是正常字母，如图 1-2 所示，请问该用哪种编码方式去解码该网络分组内容？（1 分）

（5）针对图 1-2 所示的网络分组，李工查看了该攻击对应的 Snort 检测规则，以更好地掌握 Snort 入侵检测系统的工作机制。请完善以下规则，填充空（a）、（b）处的内容。（2 分）

    ___(a)___ tcp any any -> any any (msg:"XXX";content:"___(b)___";nocase;sid:1106;)

```
0050  68 75 6d 65 6e 2f 3f 69  64 3d 31 25 45 32 25 38   humen/?id=1%E2%8
0060  30 25 39 39 2b 75 6e 69  6f 6e 2b 73 65 6c 65 63   0%99+uni on+selec
0070  74 2b 31 25 32 43 32 2b  25 32 33 26 53 75 62 6d   t+1%2C2+ %23&Subm
0080  69 74 3d 53 75 62 6d 69  74 26 75 73 65 72 5f 74   it=Submi t&user_t
0090  6f 6b 65 6e 3d 31 30 34  38 39 34 34 30 35 63 62   oken=104 894405cb
00a0  62 37 32 39 34 62 34 63  64 33 36 61 62 66 66 65   b7294b4c d36abffe
00b0  62 37 36 30 32 20 48 54  54 50 2f 31 2e 31 0d 0a   b7602 HT TP/1.1··
00c0  48 6f 73 74 3a 20 31 39  32 2e 31 36 38 2e 37 30   Host: 19 2.168.70
00d0  2e 31 34 30 0d 0a 43 6f  6e 6e 65 63 74 69 6f 6e   .140··Co nnection
00e0  3a 20 6b 65 65 70 2d 61  6c 69 76 65 0d 0a 55 70   : keep-a live··Up
```

图 1-2

试题一分析

本题考查 Linux 系统安全、设备安全、代码安全和网络安全相关知识。题目给出一个典型的网络拓扑，并在相应位置布局了各类网络设备、安全设备、服务器和计算机终端，要求考生对典型网络拓扑中的安全需求和基本运维有较为清晰的掌握。

【问题 1】

按照等级保护 2.0 要求，网站的等级保护备案分为五级，对于政府网站一般最低为二级，建议是两年考核一次。

【问题 2】

该问题给出了一段 PHP 代码，从中很容易能够找出数据库的查询操作（第 7，8 行），而且查询语句中的变量$id 来自于用户输入（或者说受用户控制），这显然是一个典型的 SQL 注入漏洞。对于该漏洞的有效利用，首先需要有正确的引号闭合，or 后面的条件必须为真，而且最后有#号作为注释符。从代码中的数据库查询语句可知数据库为 MySQL。对于口令通常都不会明文保存在数据库中，常规做法是保存口令的哈希值，实现不可逆，只能穷举爆破。但是在安全实践中，为了进一步加强撞库攻击的难度，还会在计算哈希值时添加一个称为盐的字符串，从而实现相同口令因为盐的不同而有不同的哈希值，以在数据库被偷的情况下依然保证口令的安全性。

【问题 3】

不管是 Windows 系统还是 Linux 类系统，netstat 命令都可以查看系统的端口开放情况，以及端口对应的进程名字，只不过在 Windows 系统下需要管理员权限。

【问题 4】

根据图中的两个路由器，以及位于路由器中间的非军事区的布局，可知上述防火墙的体系结构属于屏蔽子网类型的防火墙。

【问题 5】

入侵检测系统从采用的技术来分类可以分为基于异常的检测系统和基于误用的检测系统，后者是基于已有攻击的签名规则来进行检测的，Snort 就属于这一类。

如果从入侵检测数据的来源分类可以分为基于网络的入侵检测系统和基于主机的入侵检测系统，Snort 的检测来源是网络分组，因此属于基于网络的 IDS。

由于网络拓扑中的 DMZ 区是对外开放的，任何人都可以访问，因此也最容易遭受攻击，因此应该将 IDS 布置在交换机 2。

根据华为交换机的配置，顺序如下：

observe-port 1 interface GigabitEthernet1/0/1
interface GigabitEthernet1/0/2
port-mirroring to observe-port 1 inbound/outbound/both

HTTP 协议的默认编码是 URL 编码。

根据 Snort 的规则语法，第一项是告警（alert），后续对应的数据包中的特征字符，最佳的就是反应攻击特征的字符串，因此取 SQL 查询关键词 union。

参考答案

【问题 1】

二级，两年一次

【问题 2】

（1）SQL 注入漏洞

（2）C

（3）MySQL

（4）C

【问题 3】

netstat

【问题 4】

基于屏蔽子网的防火墙

【问题 5】

（1）B、C

（2）交换机 2

（3）D

（4）URL 编码

（5）(a) alert

　　　(b) union

试题二（共 20 分）

阅读下列说明，回答问题 1 至问题 5，将解答填入答题纸的对应栏内。

【说明】

通常由于机房电磁环境复杂，运维人员很少在现场进行运维工作，在出现安全事件需要紧急处理时，需要运维人员随时随地远程开展处置工作。

SSH（安全外壳协议）是一种加密的网络传输协议，提供安全方式访问远程计算机。李工作为公司的安全运维工程师，也经常使用 SSH 远程登录到公司的 Ubuntu18.04 服务器中进行安全维护。

【问题 1】（2 分）

SSH 协议默认工作的端口号是多少？

【问题 2】（2 分）

网络设备之间的远程运维可以采用两种安全通信方式：一种是 SSH，还有一种是什么？

【问题 3】(4 分)

日志包含设备、系统和应用软件的各种运行信息，是安全运维的重点关注对象。李工在定期巡检服务器的 SSH 日志时，发现了以下可疑记录：

```
Jul 22 17:17:52 humen systemd-logind[1182]: Watching system buttons on /dev/input/event0 (Power Button)
Jul 22 17:17:52 humen systemd-logind[1182]: Watching system buttons on /dev/input/event1 (AT Translated Set 2 keyboard)
Jul 23 09:33:41 humen sshd[5423]: pam_unix(sshd:auth): authentication failure; logname= uid=0 euid=0 tty=ssh ruser= rhost=192.168.107.130 user=humen
Jul 23 09:33:43 humen sshd[5423]: Failed password for humen from 192.168.107.130 port 40231 ssh2
Jul 23 09:33:43 humen sshd[5423]: Connection closed by authenticating user humen 192.168.107.130 port 40231 [preauth]
Jul 23 09:33:43 humen sshd[5425]: pam_unix(sshd:auth): authentication failure; logname= uid=0 euid=0 tty=ssh ruser= rhost=192.168.107.130 user=humen
Jul 23 09:33:45 humen sshd[5425]: Failed password for humen from 192.168.107.130 port 37223 ssh2
Jul 23 09:33:45 humen sshd[5425]: Connection closed by authenticating user humen 192.168.107.130 port 37223 [preauth]
Jul 23 09:33:45 humen sshd[5427]: pam_unix(sshd:auth): authentication failure; logname= uid=0 euid=0 tty=ssh ruser= rhost=192.168.107.130 user=humen
Jul 23 09:33:47 humen sshd[5427]: Failed password for humen from 192.168.107.130 port 41365 ssh2
Jul 23 09:33:47 humen sshd[5427]: Connection closed by authenticating user humen 192.168.107.130 port 41365 [preauth]
Jul 23 09:33:47 humen sshd[5429]: pam_unix(sshd:auth): authentication failure; logname= uid=0 euid=0 tty=ssh ruser= rhost=192.168.107.130 user=humen
Jul 23 09:33:49 humen sshd[5429]: Failed password for humen from 192.168.107.130 port 45627 ssh2
Jul 23 09:33:49 humen sshd[5429]: Connection closed by authenticating user humen 192.168.107.130 port 45627 [preauth]
Jul 23 09:33:49 humen sshd[5431]: pam_unix(sshd:auth): authentication failure; logname= uid=0 euid=0 tty=ssh ruser= rhost=192.168.107.130 user=humen
Jul 23 09:33:51 humen sshd[5431]: Failed password for humen from 192.168.107.130 port 42271 ssh2
Jul 23 09:33:51 humen sshd[5431]: Connection closed by authenticating user humen 192.168.107.130 port 42271 [preauth]
Jul 23 09:33:51 humen sshd[5433]: pam_unix(sshd:auth): authentication failure; logname= uid=0 euid=0 tty=ssh ruser= rhost=192.168.107.130 user=humen
```

Jul 23 09:33:53 humen sshd[5433]: Failed password for humen from 192.168.107.130 port 45149 ssh2
　　Jul 23 09:33:53 humen sshd[5433]: Connection closed by authenticating user humen 192.168.107.130 port 45149 [preauth]
　　Jul 23 09:33:54 humen sshd[5435]: Accepted password for humen from 192.168.107.130 port 45671 ssh2
　　Jul 23 09:33:54 humen sshd[5435]: pam_unix(sshd:session): session opened for user humen by (uid=0)

　　（1）请问李工打开的是系统的哪个日志文件？请给出该文件名字。
　　（2）李工怀疑有黑客在攻击该系统，请给出判断攻击成功与否的命令以便李工评估攻击的影响。

【问题4】（10分）
　　经过上次 SSH 的攻击事件之后，李工为了加强口令安全，降低远程连接风险，考虑采用免密证书登录。
　　（1）Linux 系统默认不允许证书方式登录，李工需要实现免密证书登录的功能，应该修改哪个配置文件？请给出文件名。
　　（2）李工在创建证书后需要拷贝公钥信息到服务器中。他在终端输入了以下拷贝命令，请说明命令中 ">>" 的含义。

　　　　ssh xiaoming@server cat /home/xiaoming/.ssh/id_rsa.pub>>authorized_keys

　　（3）服务器中的 authorized_keys 文件详细信息如下，请给出该文件权限的数字表示。

　　　　-rw------- 1 root root 0 10月 18 2018 authorized_keys

　　（4）李工完成 SSH 配置修改后需要重启服务，请给出 systemctl 重启 SSH 服务的命令。
　　（5）在上述服务配置过程中，配置命令中可能包含各种敏感信息，因此在配置结束后应该及时清除历史命令信息，请给出清除系统历史记录应执行的命令。

【问题5】（2分）
　　SSH 之所以可以实现安全的远程访问，归根结底还是密码技术的有效使用。对于 SSH 协议，不管是李工刚开始使用的基于口令的认证还是后来的基于密钥的免密认证，都是密码算法和密码协议在为李工的远程访问保驾护航。请问上述安全能力是基于对称密码体制还是非对称密码体制来实现的？

试题二分析

　　本题考查 Linux 系统基本的安全配置，要求对 Linux 系统 SSH 服务相关的端口、日志和免密登录有清晰的了解。

【问题1】
　　SSH 服务的默认端口号是 22。

【问题2】
　　远程安全运维的另外一种常见方法就是虚拟专用网 VPN，可以直接在不安全的公网之上以隧道方式开辟安全通道。

【问题 3】

Ubuntu 系统中日志都位于/var/log 目录，其中的登录认证日志都在 auth.log 文件中。

所谓攻击的评估，对于日志所反应的口令爆破攻击就是想知道攻击是否成功，也就是口令是否已经泄露，这可以从 SSH 登录成功的字符串 "Accepted password" 作为过滤依据，因此可以使用 cat 命令内容，然后用 grep 过滤内容的上述字符串，两个命令之间用管道符连接即可。

【问题 4】

Ubuntu 系统的配置基本都在 /etc 目录下，ssh 服务在 /etc/ssh，对应的配置文件为 sshd_config。

一个尖括号是改写原有文件中的内容，而两个尖括号则是在原有文件内容的后面进行追加。

上述权限字符串 "rw-------" 对应的就是 110000000，即 600。

最新的 Linux 系统服务管理程序是 systemctl，其语法就是命令+动作+服务名字。

命令历史记录都在每个用户 home 目录下的.bash_history 文件中，home 目录可以用~表示，因此组合起来就是 rm ~/.bash_history。

【问题 5】

SSH 的实现是基于公钥密码体制。私钥在用户本地主机上，公钥则保存在 SSH 服务器上。

参考答案

【问题 1】

22

【问题 2】

VPN

【问题 3】

（1）/var/log/auth.log

（2）cat ./auth.log | grep "Accepted password"

【问题 4】

（1）/etc/ssh/sshd_config

（2）追加文件内容

（3）600

（4）systemctl restart ssh

systemctl restart sshd

systemctl restart ssh.service

systemctl restart sshd.service

（5）rm ~/.bash_history

【问题 5】

非对称密码体制

试题三（共 20 分）

阅读下列说明和图，回答问题 1 至问题 5，将解答填入答题纸的对应栏内。

【说明】

域名系统是网络空间的中枢神经系统，其安全性影响范围大，也是网络攻防的重点。李工在日常的流量监控中，发现以下可疑流量，请协助分析其中可能的安全事件。

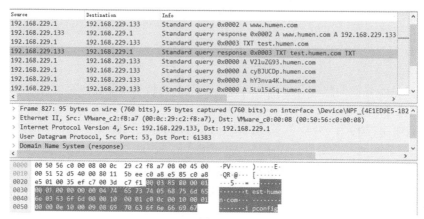

图 3-1

【问题 1】（4 分）

域名系统采用授权的分布式数据查询系统，完成域名和 IP 地址的解析。李工通过上述流量可以判断域名解析是否正常、有无域名劫持攻击等安全事件发生。

（1）域名系统的服务端程序工作在网络的哪一层？

（2）图 3-1 中的第一个网络分组要解析的域名是什么？

（3）给出上述域名在 DNS 查询包中的表示形式（十六进制）。

（4）由图 3-1 可知李工所在单位的域名服务器的 IP 地址是什么？

【问题 2】（2 分）

鉴于上述 DNS 协议分组包含大量奇怪的子域名，如想知道是哪个应用程序发送的上述网络分组，请问在 Windows 系统下，李工应执行哪条命令以确定上述 DNS 流量来源？

【问题 3】（6 分）

通过上述的初步判断，李工认为 192.168.229.1 的计算机可能已经被黑客所控制（CC 攻击）。黑客惯用的手法就是建立网络隐蔽通道，也就是指利用网络协议的某些字段秘密传输信息，以掩盖恶意程序的通信内容和通信状态。

（1）请问上述流量最有可能对应的恶意程序类型是什么？

（2）上述流量中隐藏的异常行为是什么？请简要说明。

（3）信息安全目标包括保密性、完整性、不可否认性、可用性和可控性。请问上述流量所对应的网络攻击违反了信息安全的哪个目标？

【问题 4】（6 分）

通过上述的攻击流分析，李工决定用防火墙隔离该计算机。李工所运维的防火墙是

Ubuntu 系统自带的 iptables 防火墙。

（1）请问 iptables 默认实现数据包过滤的表是什么？该表默认包含哪几条链？

（2）李工首先要在 iptables 防火墙中查看现有的过滤规则，请给出该命令。

（3）李工要禁止该计算机继续发送 DNS 数据包，请给出相应过滤规则。

【问题 5】（2 分）

在完成上述处置以后，李工需要分析事件原因，请说明导致 DNS 成为 CC 攻击的首选隐蔽传输通道协议的原因。

试题三分析

本题围绕域名协议的攻防问题，重点考查协议的分析、协议攻击的原理以及网络攻击的防护。

题目给出网络流量，要求考生对 Wireshark 工具、域名协议和防火墙的实际操作非常熟悉。

【问题 1】

域名协议是典型的网络应用，工作在应用层。

从 Wireshark 第一个分组中的 info 栏可以明确得知其查询的域名为 www.humen.com。而且从图中下半部分可以知道上述域名的编码方法，分别是长度+每一级域名的 ASCII 码。字母 w 的 ASCII 码值可以从图中 t 的 ASCII 码值（十六进制 74）推导出来，为 77，字母 a 的 ASCII 码值为十六进制 61，因此 com 的 ASCII 码值为 636f6d，以此类推。

域名解析的目的 IP 地址就是域名服务器的 IP 地址。所以查看查询分组的目的地址即可，即李工所在单位的域名服务器的 IP 地址为 192.168.229.133。

【问题 2】

由流量的源端口号和 netstat/b 对应的进程关联，即可得知 DNS 流量来源。

【问题 3】

病毒是能够自我复制和传播的代码片段，通常病毒无法远程控制。

蠕虫也是一种类似病毒的计算机程序，但它不会去修改其他程序，它越来越多地自我复制导致计算机系统变慢。蠕虫可以进行远程控制。

特洛伊木马不会像病毒和蠕虫那样自我复制。它具备很好的隐藏能力，悄悄地窃取用户的重要信息。根据题目所给信息（具有远程控制功能、隐蔽通信、窃取敏感信息），判断其属于特洛伊木马。

题目所给出的是域名的 TXT 记录，在该记录的最后包含命令信息，从图中最下面一行可知执行的是 ipconfig 命令。

【问题 4】

iptables 的四表五链当中，filter 表是负责过滤的，其包含 INPUT、OUTPUT 和转发 FORWARD。

查看选项是 list 的缩写 L。

对隧道流量可以禁止（丢弃，DROP）其发送的所有流量，只要其源 IP 地址为攻击者的机器。

【问题 5】

只要计算机能够上网，DNS 域名系统就必须是放行的，不会被安全设备所拦截，这就是最根本的原因。

参考答案

【问题 1】

（1）应用层

（2）www.humen.com

（3）03777770568756d656e03636f6d

（4）192.168.229.133

【问题 2】

由流量的源端口号和 netstat/b 对应的进程关联即可得知

【问题 3】

（1）特洛伊木马

（2）执行 ipconfig 命令，回传网络信息

（3）完整性

【问题 4】

（1）filter；INPUT，FORWARD，OUTPUT

（2）iptables -L

（3）iptables -I INPUT -s 192.168.229.1 -j DROP

【问题 5】

放行

试题四（共 15 分）

阅读下列说明和图，回答问题 1 至问题 4，将解答填入答题纸的对应栏内。

【说明】

近期，按照网络安全审查工作安排，国家网信办会同公安部、国家安全部、自然资源部、交通运输部、税务总局、市场监管总局等部门联合进驻某出行科技有限公司，开展网络安全审查。移动 App 安全检测和个人数据安全再次成为关注焦点。

【问题 1】（4 分）

为保护 Android 系统及应用终端平台安全，Android 系统在内核层、系统运行层、应用框架层以及应用程序层采取了相应的安全措施，以尽可能地保护移动用户数据、应用程序和设备安全。

在 Android 系统提供的安全措施中有安全沙箱、应用程序签名机制、权限声明机制、地址空间布局随机化等。请将上述四种安全措施按照其所在层次划分填入表 4-1 的空（1）～（4）。

表 4-1 Android 系统安全系统结构

应用程序层	（1）
应用框架层	（2）
系统运行程	（3）
内核层	（4）

【问题 2】（6 分）

权限声明机制为操作权限和对象之间设定了一些限制，只有把权限和对象进行绑定，才可以有权操作对象。

（1）请问 Android 系统的应用程序权限信息声明都在哪个配置文件中？给出该配置文件名。

（2）Android 系统定义的权限组包括：CALENDAR、CAMERA、CONTACTS、LOCATION、MICROPHONE、PHONE、SENSORS、SMS、STORAGE。按照《信息安全技术 移动互联网应用程序（App）收集个人信息基本规范》，运行在 Android 9.0 系统中提供网络约车服务的某某出行 App 可以有的最小必要权限是以上权限组的哪几个？

（3）假如有移动应用 A 提供了如下服务 AService，对应的权限描述如下：

```
1.  <permission
2.      android:name="USER_INFO"
3.      android:label="read user information"
4.      android:description="get user information"
5.      android:ProtectionLevel="signature"
6.  />
7.  <service android:name="com.demo.AService"
8.      android:exported="true"
9.      android:permission="com.demo.permission.USER_INFO">
10. </service>
```

如果其他应用 B 要访问该服务，应该申明使用该服务，将以下申明语句补充完整。

```
1.  < _____ android:name="com.demo.AService"/>
```

【问题 3】（3 分）

应用程序框架层集中了很多 Android 开发需要的组件，其中最主要的就是 Activities、Broadcast Receiver、Services 以及 Content Providers 这四大组件。围绕四大组件存在很多的攻击方法，请说明以下三种攻击分别是针对哪个组件。

（1）目录遍历攻击。

（2）界面劫持攻击。

（3）短信拦截攻击。

【问题 4】（2 分）

移动终端设备常见的数据存储方式包括：

① SharedPreferences。

② 文件存储。

③ SQLite 数据库。

④ ContentProvider。

⑤ 网络存储。

从以上 5 种方式中选出 Android 系统支持的数据存储方式，给出对应存储方式的编号。

试题四分析

本题考查移动 App 安全和隐私保护的相关知识。

题目以某违规 App 事件作为切入点，从移动安卓体系架构、访问权限、四大组件安全和安全存储入手来构造问题。

【问题 1】

权限声明机制就在 App 当中，应用程序签名机制则是属于应用框架层，安全沙箱在系统运行层，地址空间布局随机化是系统内核层实现的。

【问题 2】

解开 App 文件，在 AndroidManifest.xml 中可以看到运行 App 所需的权限。

某出行属于网约车范畴，需要地理位置和打电话权限即可。

Android 的权限在 AndroidManifest.xml 文件里配置。其中有四个标签与权限有关，分别是 permission、permission-group、permisson-tree、uses-permission，最常用的是 uses-permission，当我们需要获取某个权限的时候，就需要在文件中声明。

【问题 3】

Android 系统中界面和 Activities 关联，因此界面劫持攻击属于 Activities 组件。

Content Providers 用来保存或获取数据，目录遍历攻击属于 Content Providers。

Broadcast Receiver 用于广播发送和接收消息，短信拦截攻击属于 Broadcast Receiver。

【问题 4】

题干所述的 5 种方式全是 Android 支持的存储方式。

参考答案

【问题 1】

（1）权限声明机制

（2）应用程序签名机制

（3）安全沙箱

（4）地址空间布局随机化

【问题 2】

（1）AndroidManifest.xml

（2）LOCATION、PHONE

（3）uses-permission

【问题 3】

（1）目录遍历攻击：Content Providers

（2）界面劫持攻击：Activities

（3）短信拦截攻击：Broadcast Receiver

【问题 4】

①②③④⑤

第 9 章 2022 下半年信息安全工程师上午试题分析与解答

试题（1）
　　网络信息不泄露给非授权的用户、实体或程序，能够防止非授权者获取信息的属性是指网络信息安全的　(1)　。
　　(1) A．完整性　　　　　　B．机密性　　　　　　C．抗抵赖性　　　　　　D．隐私性

试题（1）分析
　　本题考查计算机安全的三大目标。
　　保密性（机密性）是对信息使用范围的控制，保密信息不能泄露给没有权限的人、实体或过程。

参考答案
　　(1) B

试题（2）
　　网络信息系统的整个生命周期包括：网络信息系统规划、网络信息系统设计、网络信息系统集成与实现、网络信息系统运行和维护、网络信息系统废弃 5 个阶段。网络信息安全管理重在过程，其中网络信息安全风险评估属于　(2)　阶段。
　　(2) A．网络信息系统规划　　　　　　　B．网络信息系统设计
　　　　C．网络信息系统集成与实现　　　　D．网络信息系统运行和维护

试题（2）分析
　　风险评估应贯穿评估对象生命周期的各个阶段。每个阶段风险评估的具体实施应根据该阶段的特点有所侧重地进行。

参考答案
　　(2) A

试题（3）
　　近些年国密算法和标准体系受到越来越多的关注，基于国密算法的应用也得到了快速发展。以下国密算法中，属于分组密码算法的是　(3)　。
　　(3) A．SM2　　　　　　B．SM3　　　　　　C．SM4　　　　　　D．SM9

试题（3）分析
　　本题考查密码的基础知识。
　　国密算法，即国家密码局认定的国产密码算法，主要有 SM1、SM2、SM3、SM4。SM1 为对称加密算法，SM2 为非对称加密算法，SM3 为消息摘要算法，SM4 为分组密码算法。

参考答案

（3）C

试题（4）

域名服务是网络服务的基础，该服务主要是指从事域名根服务器运行和管理、顶级域名运行和管理、域名注册、域名解析等活动。《互联网域名管理办法》规定，域名系统出现网络与信息安全事件时，应当在__(4)__内向电信管理机构报告。

（4）A．6小时　　　　　B．12小时　　　　　C．24小时　　　　　D．3天

试题（4）分析

本题考查计算机和网络安全相关法律法规方面的基础知识。

《互联网域名管理办法》第四十一条：域名根服务器运行机构、域名注册管理机构和域名注册服务机构应当遵守国家相关法律、法规和标准，落实网络与信息安全保障措施，配置必要的网络通信应急设备，建立健全网络与信息安全监测技术手段和应急制度。域名系统出现网络与信息安全事件时，应当在24小时内向电信管理机构报告。

参考答案

（4）C

试题（5）

《中华人民共和国密码法》对全面提升密码工作法治化水平起到了关键性作用，密码法规定国家对密码实行分类管理。依据《中华人民共和国密码法》的规定，以下密码分类正确的是__(5)__。

（5）A．核心密码、普通密码和商用密码

　　　B．对称密码和非对称密码

　　　C．分组密码、序列密码和公钥密码

　　　D．散列函数、对称密码和公钥密码

试题（5）分析

本题考查计算机和网络安全相关法律法规方面的基础知识。

《中华人民共和国密码法》第六条规定，国家对密码实行分类管理。密码分为核心密码、普通密码和商用密码。

参考答案

（5）A

试题（6）

攻击树方法起源于故障树分析方法，可以用来进行渗透测试，也可以用来研究防御机制。以下关于攻击树方法的表述，错误的是__(6)__。

（6）A．能够采取专家头脑风暴法，并且将这些意见融合到攻击树中去

　　　B．能够进行费效分析或者概率分析

　　　C．不能用来建模多重尝试攻击、时间依赖及访问控制等场景

　　　D．能够用来建模循环事件

试题（6）分析

本题考查计算机常见漏洞方面的基础知识。

根据树的特点，无法建模循环（环路）类的攻击事件。

参考答案

（6）D

试题（7）

一般攻击者在攻击成功后退出系统之前，会在系统制造一些后门，方便自己下次入侵。以下设计后门的方法，错误的是__(7)__。

(7) A．放宽文件许可权　　　　　　　　B．安装嗅探器
　　　C．修改管理员口令　　　　　　　　D．建立隐蔽信道

试题（7）分析

本题考查系统攻击和后门权限维持的基础知识。

由于修改管理员口令很容易导致正常管理员无法登录系统，导致攻击暴露，后门也会很快暴露。

参考答案

（7）C

试题（8）

从对信息的破坏性上看，网络攻击可以分为被动攻击和主动攻击，以下属于被动攻击的是__(8)__。

(8) A．拒绝服务　　　　B．窃听　　　　C．伪造　　　　D．中间人攻击

试题（8）分析

本题考查网络攻击的基础知识。

窃听类似偷听别人说话，和被攻击端没有任何交互，属于典型的被动攻击手段。

参考答案

（8）B

试题（9）

端口扫描的目的是找出目标系统上提供的服务列表。根据扫描利用的技术不同，端口扫描可以分为完全连接扫描、半连接扫描、SYN 扫描、FIN 扫描、隐蔽扫描、ACK 扫描、NULL 扫描等类型。其中，在源主机和目的主机的三次握手连接过程中，只完成前两次，不建立一次完整连接的扫描属于__(9)__。

(9) A．FIN 扫描　　　　　　　　　　　B．半连接扫描
　　　C．SYN 扫描　　　　　　　　　　　D．完全连接扫描

试题（9）分析

本题考查网络攻击的信息收集技术相关的基础知识。

完成三次握手称为全连接，只完成前两次称为半连接或者半打开。

参考答案

（9）B

试题（10）

通过假冒可信方提供网上服务，以欺骗手段获取敏感个人信息的攻击方式，被称为__（10）__。

（10）A．网络钓鱼　　　　　　　　B．拒绝服务
　　　C．网络窃听　　　　　　　　D．会话劫持

试题（10）分析

本题考查网络攻击和社会工程学相关的基础知识。

网络钓鱼通过发送链接、邮件或者伪造可信网站等方法以获得受害者信任，从而实施各类攻击。

参考答案

（10）A

试题（11）

拒绝服务攻击是指攻击者利用系统的缺陷，执行一些恶意的操作，使得合法的系统用户不能及时得到应得的服务或系统资源。常见的拒绝服务攻击有同步包风暴、UDP 洪水、垃圾邮件、泪滴攻击、Smurf 攻击、分布式拒绝服务攻击等类型。其中，能够通过在 IP 数据包中加入过多或不必要的偏移量字段，使计算机系统重组错乱的是__（11）__。

（11）A．同步包风暴　　　　　　　　B．UDP 洪水
　　　C．垃圾邮件　　　　　　　　　D．泪滴攻击

试题（11）分析

本题考查网络协议常见攻击方法的基础知识。

泪滴攻击就是利用 IP 分片偏移实施的攻击手段。

参考答案

（11）D

试题（12）

1997 年 NIST 发布了征集 AES 算法的活动，确定选择 Rijndael 作为 AES 算法，该算法支持的密钥长度不包括__（12）__。

（12）A．128 比特　　　　　　　　B．192 比特
　　　C．256 比特　　　　　　　　D．512 比特

试题（12）分析

本题考查分组密码的基础知识。

AES 算法所能支持的密钥长度可以为 128 位、192 位、256 位。

参考答案

（12）D

试题（13）

为了增强 DES 算法的安全性，NIST 于 1999 年发布了三重 DES 算法——TDEA。设 DES Ek()和 DES Dk()分别表示以 k 为密钥的 DES 算法的加密和解密过程，P 和 O 分别表示明文和密文消息，则 TDEA 算法的加密过程正确的是__（13）__。

(13) A. P→DES Ek1→DES Ek2→DES Ek3→O
　　　B. P→DES Dk1→DES Dk2→DES Dk3→O
　　　C. P→DES Ek1→DES Dk2→DES Ek3→O
　　　D. P→DES Dk1→DES Ek2→DES Dk3→O

试题（13）分析

本题考查密码学方面的基础知识。

为了保障三次 DES 加密和一次 DES 的兼容性，采用加密解密加密的形式来实现 3DES。此时如果 k1=k2，那么 3DES 就等同于 DES。

参考答案

（13）C

试题（14）

以下关于数字证书的叙述中，错误的是__(14)__。

(14) A. 数字证书由 RA 签发
　　　B. 数字证书包含持有者的签名算法标识
　　　C. 数字证书的有效性可以通过持有者的签名验证
　　　D. 数字证书包含公开密码拥有者信息

试题（14）分析

本题考查公钥基础设施相关的基础知识。

RA（Registration Authority）是专门负责受理用户申请证书的机构。但 RA 并不签发证书，RA 系统直接面向用户，负责用户身份申请审核，并向 CA 申请为用户签发证书。

参考答案

（14）A

试题（15）

SSH 是基于公钥的安全应用协议，可以实现加密、认证、完整性检验等多种网络安全服务。SSH 由__(15)__ 3 个子协议组成。

(15) A. SSH 传输层协议、SSH 用户认证协议和 SSH 连接协议
　　　B. SSH 网络层协议、SSH 用户认证协议和 SSH 连接协议
　　　C. SSH 传输层协议、SSH 密钥交换协议和 SSH 用户认证协议
　　　D. SSH 网络层协议、SSH 密钥交换协议和 SSH 用户认证协议

试题（15）分析

本题考查网络协议的基础知识。

SSH 由传输层协议（Transport Layer Protocol）、用户认证协议（The User Authentication Protocol）、连接协议（The Connection Protocol）三个协议组成，同时 SSH 中还会为高层网络安全应用协议提供扩展支持。

参考答案

（15）A

试题（16）

针对电子邮件的安全问题，人们利用 PGP（Pretty Good Privacy）来保护电子邮件的安全。以下有关 PGP 的表述，错误的是 __(16)__ 。

(16) A．PGP 的密钥管理采用 RSA

B．PGP 的完整性检测采用 MD5

C．PGP 的数字签名采用 RSA

D．PGP 的数据加密采用 DES

试题（16）分析

本题考查网络协议方面的基础知识。

PGP 是一个提供加密和认证的基于 RSA 公钥及 AES 等加密算法的加密软件系列，不再使用安全性低的 DES 算法。

参考答案

(16) D

试题（17）

PDRR 信息模型改进了传统的只有保护的单一安全防御思想，强调信息安全保障的四个重要环节：保护（Protection）、检测（Detection）、恢复（Recovery）、响应（Response）。其中，信息隐藏属于 __(17)__ 的内容。

(17) A．保护　　　　B．检测　　　　C．恢复　　　　D．响应

试题（17）分析

本题考查网络安全模型方面的基础知识。

信息隐藏属于安全保护技术的一种。

参考答案

(17) A

试题（18）

BLP 机密性模型用于防止非授权信息的扩散，从而保证系统的安全。其中，主体只能向下读，不能向上读的特性被称为 __(18)__ 。

(18) A．*特性　　　　　　　　　　B．调用特性

C．简单安全特性　　　　　　D．单向性

试题（18）分析

本题考查网络安全模型方面的基础知识。

BLP 模型强调的是保证机密不能泄露，有三条强制的访问规则：

- 简单安全规则（Simple Security Rule）：表示低安全级别的主体不能从高安全级别的客体读取数据（上读）。

- 星（*）特性安全规则（Star Property）：表示高安全级别的主体不能对低安全级别的客体写数据（下写）。

- 强星属性安全规则（Strong Star Property）：表示一个主体可以对相同安全级别的客体进行读和写操作。

参考答案

（18）C

试题（19）

依据《信息安全技术 网络安全等级保护测评要求》的规定，定级对象的安全保护分为五个等级，其中第三级称为__（19）__。

（19）A．系统审计保护级　　　　　　B．安全标记保护级

　　　C．结构化保护级　　　　　　　D．访问验证保护级

试题（19）分析

本题考查计算机和网络安全相关法律法规方面的基础知识。

网络安全等级保护分为五个等级，不过企业经营过程中常见的是第二级和第三级，因为第一级的存在感低，而第四级和第五级是国家重要领域的企业才适合，在一般企业中并不多见。

最新等保 2.0 的第三级（安全标记保护级）：一般适用于地市级以上国家机关、企业、事业单位内部重要的信息系统，例如涉及工作秘密、商业秘密、敏感信息的办公系统和管理系统。

参考答案

（19）B

试题（20）

美国国家标准与技术研究院 NIST 发布了《提升关键基础设施网络安全的框架》，该框架定义了五种核心功能：识别（Identify）、保护（Protect）、检测（Detect）、响应（Respond）、恢复（Recover），每个功能对应具体的子类。其中，访问控制子类属于__（20）__功能。

（20）A．识别　　　　B．保护　　　　C．检测　　　　D．响应

试题（20）分析

本题考查网络安全模型和安全框架方面的基础知识。

访问控制属于安全保护技术。

参考答案

（20）B

试题（21）

物理安全是网络信息系统安全运行、可信控制的基础。物理安全威胁一般分为自然安全威胁和人为安全威胁。以下属于人为安全威胁的是__（21）__。

（21）A．地震　　　　B．火灾　　　　C．盗窃　　　　D．雷电

试题（21）分析

本题考查计算机威胁的基础知识。

上述选项显然只有盗窃是人为安全威胁。

参考答案

（21）C

试题（22）

互联网数据中心（IDC）是一类向用户提供资源出租基本业务和有关附加业务、在线提供 IT 应用平台能力租用服务和应用软件租用服务的数据中心。《互联网数据中心工程技术规

范》(GB 51195—2016)规定 IDC 机房分为 R1、R2、R3 三个级别。其中，R2 级 IDC 机房的机房基础设施和网络系统应具备冗余能力，机房基础设施和网络系统可支撑的 IDC 业务的可用性不应小于 __(22)__ 。

(22) A．95%　　　　B．99%　　　　C．99.5%　　　　D．99.9%

试题（22）分析

本题考查计算机和网络安全相关法律法规方面的基础知识。

根据《互联网数据中心工程技术规范》第 3.3.2 条的规定，可用性不小于 99.9%。

参考答案

(22) D

试题（23）

目前，计算机及网络系统中常用的身份认证技术主要有：口令认证技术、智能卡技术、基于生物特征的认证技术等。其中不属于生物特征的是 __(23)__ 。

(23) A．数字证书　　　B．指纹　　　C．虹膜　　　D．DNA

试题（23）分析

本题考查计算机身份认证方面的基础知识。

数字证书是基于公钥密码的一套身份管理基础设施，不属于生物特征。

参考答案

(23) A

试题（24）

Kerberos 是一个网络认证协议，其目标是使用密钥加密为客户端/服务器应用程序提供强身份认证。以下关于 Kerberos 的说法中，错误的是 __(24)__ 。

(24) A．通常将认证服务器 AS 和票据发放服务器 TGS 统称为 KDC
　　　B．票据（Ticket）主要包括客户和目的服务方 Principal、客户方 IP 地址、时间戳、Ticket 生存期和会话秘钥
　　　C．Kerberos 利用对称密码技术，使用可信第三方为应用服务器提供认证服务
　　　D．认证服务器 AS 为申请服务的用户授予票据

试题（24）分析

本题考查计算机身份认证的基础知识。

Kerberos 第一阶段是客户端向 KDC 中的认证服务器 AS 发送用户信息，以请求 TGT；第二阶段，客户端拿着之前获得的 TGT 向 KDC 中的 TGS 请求访问某个服务的票据。

参考答案

(24) D

试题（25）

一个 Kerberos 系统涉及四个基本实体：Kerberos 客户机、认证服务器 AS、票据发放服务器 TGS、应用服务器。其中，实现识别用户身份和分配会话密钥功能的是 __(25)__ 。

(25) A．Kerberos 客户机　　　　　B．认证服务器 AS
　　　C．票据发放服务器 TGS　　　D．应用服务器

试题（25）分析

本题考查计算机身份认证方面的基础知识。

认证服务器 AS（Authentication Server）是 KDC 的一部分，通常维护一个包含安全个体及其秘钥的数据库，用于身份认证。

参考答案

（25）B

试题（26）

访问控制机制由一组安全机制构成，可以抽象为一个简单模型，以下不属于访问控制模型要素的是__（26）__。

（26）A．主体　　　　　　B．客体　　　　　　C．审计库　　　　　D．协议

试题（26）分析

本题考查计算机访问控制方面的基础知识。

访问控制包含三个要素，即主体、客体和访问策略审计库。

参考答案

（26）D

试题（27）

自主访问控制是指客体的所有者按照自己的安全策略授予系统中的其他用户对其的访问权。自主访问控制的实现方法包括基于行的自主访问控制和基于列的自主访问控制两大类。以下属于基于列的自主访问控制实现方法的是__（27）__。

（27）A．访问控制表　　　B．能力表　　　　　C．前缀表　　　　　D．口令

试题（27）分析

本题考查计算机访问控制方面的基础知识。

基于列的自主访问控制在每个客体上都附加一个可访问它的主体的明细表，主要有以下两种形式：

（1）保护位（Protection Bits）：对主体、主体组以及客体拥有者指明一个访问模式集合，通常以比特位来表示访问权限。UNIX/Linux 系统采用。

（2）访问控制表（Access Control List，ACL）：在每个客体上都附加一个主体明细表，表示访问控制矩阵。表中每一项都包括主体身份和主体对客体的访问权限。

参考答案

（27）A

试题（28）

访问控制规则是访问约束条件集，是访问控制策略的具体实现和表现形式。目前常见的访问控制规则有：基于角色的访问控制规则、基于时间的访问控制规则、基于异常事件的访问控制规则、基于地址的访问控制规则等。当系统中的用户登录出现三次失败后，系统在一段时间内冻结账户的规则属于__（28）__。

（28）A．基于角色的访问控制规则　　　　　B．基于时间的访问控制规则
　　　　C．基于异常事件的访问控制规则　　　D．基于地址的访问控制规则

试题（28）分析

本题考查计算机访问控制方面的基础知识。

登录失败属于典型的安全异常事件，访问控制将根据该异常事件进行适当的策略控制。

参考答案

（28）C

试题（29）

UNIX 系统中超级用户的特权会分解为若干个特权子集，分别赋给不同的管理员，使管理员只能具有完成其任务所需的权限，该访问控制的安全管理被称为__(29)__。

(29) A. 最小特权管理　　　　　　B. 最小泄露管理
　　　C. 职责分离管理　　　　　　D. 多级安全管理

试题（29）分析

本题考查计算机访问控制方面的基础知识。

最小特权管理是要求计算环境中的特定抽象层的每个模块（如进程、用户或者计算机程序）只能访问当下所必需的信息或者资源。

参考答案

（29）A

试题（30）

防火墙是由一些软件、硬件组合而成的网络访问控制器，它根据一定的安全规则来控制流过防火墙的数据包，起到网络安全屏障的作用。以下关于防火墙的叙述中，错误的是__(30)__。

(30) A. 防火墙能够屏蔽被保护网络内部的信息、拓扑结构和运行状况
　　　B. 白名单策略禁止与安全规则相冲突的数据包通过防火墙，其他数据包都允许
　　　C. 防火墙可以控制网络带宽的分配使用
　　　D. 防火墙无法有效防范内部威胁

试题（30）分析

本题考查计算机防火墙方面的基础知识。

白名单策略：只允许符合安全规则的包通过防火墙。

黑名单策略：禁止与安全规则相冲突的包通过防火墙。

参考答案

（30）B

试题（31）

Cisco IOS 的包过滤防火墙有两种访问规则形式：标准 IP 访问表和扩展 IP 访问表。标准 IP 访问控制规则的格式如下：

access-list list-number{deny|permit}source[source-wildcard][log]

扩展 IP 访问控制规则的格式如下：

access-list list-number{deny|permit}protocol

```
        source  source-wildcard  source-qualifiers
             destination  destination-wildcard  destination-qualifiers[log|
input]
```

针对标准 IP 访问表和扩展 IP 访问表，以下叙述中，错误的是__(31)__。

(31) A. 标准 IP 访问控制规则的 list-number 规定为 1~99
     B. permit 表示若经过 Cisco IOS 过滤器的包条件匹配，则允许该包通过
     C. source 表示来源的 IP 地址
     D. source-wildcard 表示发送数据包的主机地址的通配符掩码，其中 0 表示"忽略"

试题（31）分析

本题考查计算机防火墙方面的基础知识。

通配符掩码与源或目标地址一起来分辨匹配的地址范围，0 表示要检查的位，1 表示不需要检查的位。

参考答案

(31) D

试题（32）

网络地址转换简称 NAT，NAT 技术主要是为了解决网络公开地址不足而出现的。网络地址转换的实现方式中,把内部地址映射到外部网络的一个 IP 地址的不同端口的实现方式被称为__(32)__。

(32) A. 静态 NAT   B. NAT 池
     C. 端口 NAT   D. 应用服务代理

试题（32）分析

本题考查计算机防火墙方面的基础知识。

通过同一个 IP 地址的不同端口进行地址映射属于端口 NAT。

参考答案

(32) C

试题（33）

用户在实际应用中通常将入侵检测系统放置在防火墙内部，这样可以__(33)__。

(33) A. 增强防火墙的安全性   B. 扩大检测范围
     C. 提升检测效率   D. 降低入侵检测系统的误报

试题（33）分析

本题考查主机安全技术方面的基础知识。

网络流量首先通过防火墙的第一道防护和过滤，大大减少了异常流量分组数量。

参考答案

(33) D

试题（34）

虚拟专用网 VPN 技术把需要经过公共网络传递的报文加密处理后，由公共网络发送到目的地。以下不属于 VPN 安全服务的是__(34)__。

(34) A. 合规性服务　　B. 完整性服务　　C. 保密性服务　　D. 认证服务

试题（34）分析

本题考查网络安全技术方面的基础知识。

VPN 提供的安全服务包括保密性、完整性和认证服务，不包含合规性服务。

参考答案

（34）A

试题（35）

按照 VPN 在 TCP/IP 协议层的实现方式，可以将其分为链路层 VPN、网络层 VPN、传输层 VPN。以下 VPN 实现方式中，属于网络层 VPN 的是__(35)__。

(35) A. ATM　　　　　　　　　　B. IPSec 隧道技术
　　　C. SSL　　　　　　　　　　D. 多协议标记交换（MPLS）

试题（35）分析

本题考查网络安全技术方面的基础知识。

VPN 的实现方式包括：

（1）数据链路层：多协议标记交换（MPLS）等。

（2）网络层：包括通用路由封装协议（GRE）、IP 安全（IPSec）。

（3）会话层隧道协议：Socks 处于 OSI 模型的会话层。

（4）应用层隧道协议：安全套接字层（Secure Socket Layer，SSL）属于应用层隧道协议。

参考答案

（35）B

试题（36）

IPSec 是 Internet Protocol Security 的缩写，以下关于 IPSec 协议的叙述中，错误的是__(36)__。

(36) A. IP AH 的作用是保证 IP 包的完整性和提供数据源认证
　　　B. IP AH 提供数据包的机密性服务
　　　C. IP ESP 的作用是保证 IP 包的保密性
　　　D. IPSec 协议提供完整性验证机制

试题（36）分析

本题考查网络安全技术方面的基础知识。

IP AH 提供数据包的完整性和来源认证服务，而不是保密性服务。

参考答案

（36）B

试题（37）

SSL 是一种用于构建客户端和服务器端之间安全通道的安全协议，包含：握手协议、密码规格变更协议、记录协议和报警协议。其中用于传输数据的分段、压缩及解压缩、加密及解密、完整性校验的是__(37)__。

(37) A. 握手协议　　　　　　　　B. 密码规格变更协议

C．记录协议　　　　　　　　　D．报警协议

试题（37）分析

本题考查网络安全协议方面的基础知识。

SSL 记录协议的主要作用是为更高层的网络应用协议（比如 HTTP）提供基本的安全服务，比如数据压缩、加密和完整性校验等。

参考答案

（37）C

试题（38）

IPSec VPN 的功能不包括　（38）　。

（38）A．数据包过滤　　　　　　B．密钥协商
　　　 C．安全报文封装　　　　　D．身份鉴别

试题（38）分析

本题考查网络安全协议方面的基础知识。

IPSec VPN 主要是"挖安全隧道"，在不安全的网络环境下建立安全通道，对于数据包的过滤不是其功能范围。

参考答案

（38）A

试题（39）

入侵检测模型 CIDF 认为入侵检测系统由事件产生器、事件分析器、响应单元和事件数据库 4 个部分构成，其中分析所得到的数据，并产生分析结果的是　（39）　。

（39）A．事件产生器　　　　　　B．事件分析器
　　　 C．响应单元　　　　　　　D．事件数据库

试题（39）分析

本题考查计算机主机安全技术方面的基础知识。

事件产生器的目的是从整个计算环境中获得事件，并向系统的其他部分提供此事件。事件分析器分析得到数据，并产生分析结果。响应单元则是对分析结果做出反应的功能单元，它可以做出切断连接、改变文件属性等强烈反应，甚至发动对攻击者的反击，也可以只是简单的报警。事件数据库是存放各种中间和最终数据的地方的统称，它可以是复杂的数据库，也可以是简单的文本文件。

参考答案

（39）B

试题（40）

误用入侵检测通常称为基于特征的入侵检测方法，是指根据已知的入侵模式检测入侵行为。常见的误用检测方法包括：基于条件概率的误用检测方法、基于状态迁移的误用检测方法、基于键盘监控的误用检测方法、基于规则的误用检测方法。其中 Snort 入侵检测系统属于　（40）　。

（40）A．基于条件概率的误用检测方法

B. 基于状态迁移的误用检测方法

C. 基于键盘监控的误用检测方法

D. 基于规则的误用检测方法

试题（40）分析

本题考查计算机主机安全技术方面的基础知识。

Snort IDS 利用一系列规则定义恶意网络活动，属于基于规则的误用检测方法。

参考答案

（40）D

试题（41）

根据入侵检测系统的检测数据来源和它的安全作用范围，可以将其分为基于主机的入侵检测系统（HIDS）、基于网络的入侵检测系统（NIDS）和分布式入侵检测系统（DIDS）三种。以下软件不属于基于主机的入侵检测系统（HIDS）的是 __(41)__ 。

(41) A. Cisco Secure IDS   B. SWATCH

   C. Tripwire   D. 网页防篡改系统

试题（41）分析

本题考查计算机常见漏洞方面的基础知识。

Cisco Secure IDS 是一种基于网络的入侵检测系统，它使用签名数据库来触发入侵警报。

参考答案

（41）A

试题（42）

根据入侵检测应用对象，常见的产品类型有 Web IDS、数据库 IDS、工控 IDS 等。以下攻击中，不宜采用数据库 IDS 检测的是 __(42)__ 。

(42) A. SQL 注入攻击   B. 数据库系统口令攻击

   C. 跨站点脚本攻击   D. 数据库漏洞利用攻击

试题（42）分析

本题考查计算机主机安全技术方面的基础知识。

跨站点脚本攻击流程中和数据库不存在交互，使用数据库 IDS 容易造成漏警。

参考答案

（42）C

试题（43）

Snort 是典型的网络入侵检测系统，通过获取网络数据包进行入侵检测形成报警信息。Snort 规则由规则头和规则选项两部分组成。以下内容不属于规则头的是 __(43)__ 。

(43) A. 源地址   B. 目的端口号

   C. 协议   D. 报警信息

试题（43）分析

本题考查计算机主机安全技术方面的基础知识。

规则头包含规则的动作、协议、源和目标 IP 地址与网络掩码，以及源和目标端口信息。

第 9 章　2022 下半年信息安全工程师上午试题分析与解答

参考答案

(43) D

试题（44）

网络物理隔离系统是指通过物理隔离技术，在不同的网络安全区域之间建立一个能够实现物理隔离、信息交换和可信控制的系统，以满足不同安全区域的信息或数据交换。以下有关网络物理隔离系统的叙述中，错误的是　(44)　。

(44) A．使用网闸的两个独立主机不存在通信物理连接，主机对网闸只有"读"操作
　　　B．双硬盘隔离系统在使用时必须不断重新启动切换，且不易于统一管理
　　　C．单向传输部件可以构成可信的单向信道，该信道无任何反馈信息
　　　D．单点隔离系统主要保护单独的计算机，防止外部直接攻击和干扰

试题（44）分析

本题考查网络安全技术方面的基础知识。

网闸的设计原理基于代理+摆渡策略，通过专用协议、单向通道技术和存储方式阻断业务的连接，用代理方式支持上层业务。

参考答案

(44) A

试题（45）

网络物理隔离机制中，使用一个具有控制功能的开关读写存储安全设备，通过开关的设置来连接或者切断两个独立主机系统的数据交换，使两个或者两个以上的网络在不连通的情况下，实现它们之间的安全数据交换与共享，该技术被称为　(45)　。

(45) A．双硬盘　　　　B．信息摆渡　　　　C．单向传输　　　　D．网闸

试题（45）分析

本题考查网络安全技术方面的基础知识。

既能满足内外网信息及数据交换需求，又能防止网络安全事件出现的安全技术称为物理隔离技术。网闸的全称是安全隔离与信息交换系统，是使用一种专用的隔离芯片在电路上切断内外网连接的设备，并能够在网络间进行安全适度的应用。

参考答案

(45) D

试题（46）

网络安全审计是指对网络信息系统的安全相关活动信息进行获取、记录、存储、分析和利用的工作。在《计算机信息系统　安全保护等级划分准则》（GB 17859—1999）中，不要求对删除客体操作具备安全审计功能的计算机信息系统的安全保护等级属于　(46)　。

(46) A．用户自主保护级　　　　　　　　B．系统审计保护级
　　　C．安全标记保护级　　　　　　　　D．结构化保护级

试题（46）分析

本题考查计算机和网络安全相关法律法规的基础知识。

本标准规定了计算机系统安全保护能力的五个等级，具体为：第一级，用户自主保护级；

第二级，系统审计保护级；第三级，安全标记保护级；第四级，结构化保护级；第五级，访问验证保护级。只有第一级的用户自主保护级没有审计功能。

参考答案

（46）A

试题（47）

操作系统审计一般是对操作系统用户和系统服务进行记录，主要包括用户登录和注销、系统服务启动和关闭、安全事件等。Windows 操作系统记录系统事件的日志中，只允许系统管理员访问的是　（47）　。

（47）A．系统日志　　　　　　　　B．应用程序日志
　　　C．安全日志　　　　　　　　D．性能日志

试题（47）分析

本题考查系统安全方面的基础知识。

安全日志记录的是系统的安全信息，包括成功的登录、退出，不成功的登录，系统文件的创建、删除、更改，并且安全日志只有系统管理员才可以访问。

参考答案

（47）C

试题（48）

网络审计数据涉及系统整体的安全性和用户隐私，以下安全技术措施不属于保护审计数据安全的是　（48）　。

（48）A．系统用户分权管理　　　　B．审计数据加密
　　　C．审计数据强制访问　　　　D．审计数据压缩

试题（48）分析

本题考查计算机安全审计方面的基础知识。

对审计数据进行压缩和安全无关。

参考答案

（48）D

试题（49）

以下网络入侵检测不能检测发现的安全威胁是　（49）　。

（49）A．黑客入侵　　　　　　　　B．网络蠕虫
　　　C．非法访问　　　　　　　　D．系统漏洞

试题（49）分析

本题考查网络安全威胁方面的基础知识。

网络入侵检测系统只能对发送的攻击行为进行检测，这些攻击需要系统漏洞才能成功入侵，但是对于系统漏洞本身无法进行检测和识别。

参考答案

（49）D

试题（50）

网络信息系统漏洞的存在是网络攻击成功的必要条件之一。以下有关安全事件与漏洞对应关系的叙述中，错误的是__(50)__。

(50) A．Internet 蠕虫，利用 Sendmail 及 finger 漏洞
  B．冲击波蠕虫，利用 TCP/IP 协议漏洞
  C．Wannacry 勒索病毒，利用 Windows 系统的 SMB 漏洞
  D．Slammer 蠕虫，利用微软 MS SQL 数据库系统漏洞

试题（50）分析

本题考查恶意代码和网络攻击相关的基础知识。

冲击波蠕虫是利用 RPC 漏洞的蠕虫，通过 TCP/IP 进行传播。

参考答案

(50) B

试题（51）

网络信息系统的漏洞主要来自两个方面：非技术性安全漏洞和技术性安全漏洞。以下属于非技术性安全漏洞来源的是__(51)__。

(51) A．网络安全策略不完备   B．设计错误
  C．缓冲区溢出   D．配置错误

试题（51）分析

本题考查计算机常见漏洞方面的基础知识。

非技术性安全漏洞涉及管理组织结构、管理制度、管理流程、人员管理，主要来源包括：网络安全责任主体不明确，网络安全策略不完备，网络安全操作技能不足，网络安全监督缺失，网络安全特权控制不完备。

参考答案

(51) A

试题（52）

以下网络安全漏洞发现工具中，具备网络数据包分析功能的是__(52)__。

(52) A．Flawfinder   B．Wireshark
  C．MOPS   D．Splint

试题（52）分析

本题考查网络协议分析方面的基础知识。

Wireshark 是非常有名的且使用广泛的网络数据包分析工具。

参考答案

(52) B

试题（53）

恶意代码能够经过存储介质或网络进行传播，未经授权认证访问或破坏计算机系统。恶意代码的传播方式分为主动传播和被动传播。__(53)__属于主动传播的恶意代码。

(53) A．逻辑炸弹   B．特洛伊木马

         C．网络蠕虫   D．计算机病毒

试题（53）分析

本题考查恶意代码方面的基础知识。

根据恶意代码的传播特性，可以将恶意代码分为两大类，即被动传播和主动传播。被动传播的恶意代码有计算机病毒、特洛伊木马、间谍软件、逻辑炸弹；主动传播的恶意代码有网络蠕虫。

参考答案

（53）C

试题（54）

文件型病毒不能感染的文件类型是 __(54)__ 。

（54）A．HTML 型   B．COM 型   C．SYS 型   D．EXE 类型

试题（54）分析

本题考查恶意代码方面的基础知识。

HTML 型文件属于文本类型文件，不支持各种脚本代码，也就不会被感染病毒。其他三种都是二进制类可执行文件，都是病毒感染的对象。

参考答案

（54）A

试题（55）

网络蠕虫利用系统漏洞进行传播。根据网络蠕虫发现易感主机的方式，可将网络蠕虫的传播方法分成三类：随机扫描、顺序扫描、选择性扫描。以下网络蠕虫中，支持顺序扫描传播策略的是 __(55)__ 。

（55）A．Slammer   B．Nimda
     C．Lion Worm   D．Blaster

试题（55）分析

本题考查网络蠕虫扫描技术方面的基础知识。

W32.Blaster 是典型的顺序扫描。

参考答案

（55）D

试题（56）

__(56)__ 是指攻击者利用入侵手段，将恶意代码植入目标计算机，进而操纵受害机执行恶意活动。

（56）A．ARP 欺骗   B．网络钓鱼
     C．僵尸网络   D．特洛伊木马

试题（56）分析

本题考查计算机常见攻击手段的基础知识。

僵尸网络是攻击者出于恶意目的，传播僵尸程序 bot 以控制大量计算机，并通过一对多的命令与控制信道所组成的网络。

参考答案

(56) C

试题（57）

拒绝服务攻击是指攻击者利用系统的缺陷，执行一些恶意操作，使得合法用户不能及时得到应得的服务或者系统资源。常见的拒绝服务攻击包括：UDP 风暴、SYN Flood、ICMP 风暴、Smurf 攻击等。其中，利用 TCP 协议中的三次握手过程，通过攻击使大量第三次握手过程无法完成而实施拒绝服务攻击的是 __(57)__ 。

(57) A．UDP 风暴　　　　　B．SYN Flood
　　　C．ICMP 风暴　　　　D．Smurf 攻击

试题（57）分析

本题考查计算机攻击手段的基础知识。

SYN Flood 是利用三次握手的第一个握手分组实施洪水攻击，造成目标拒绝服务。

参考答案

(57) B

试题（58）

假如某数据库中数据记录的规范为<姓名，出生日期，性别，电话>，其中一条数据记录为：<张三，1965 年 4 月 15 日，男，12345678>。为了保护用户隐私，对其进行隐私保护处理，处理后的数据记录为：<张*，1960—1970 年生，男，1234****>，这种隐私保护措施被称为 __(58)__ 。

(58) A．泛化　　　B．抑制　　　　C．扰动　　　　D．置换

试题（58）分析

本题考查数据安全方面的基础知识。

泛化脱敏方式是在保留原始数据的局部特征的前提下使用其他方式替代原始数据的方式。例如，只需要知道人群的年龄阶段，即 11～20、21～30、31～40……不需要知道具体年龄的场景。应用比较广泛的场景有数据统计场景等。

参考答案

(58) A

试题（59）

信息安全风险评估是指确定在计算机系统和网络中每一种资源缺失或遭到破坏对整个系统造成的预计损失数量，是对威胁、脆弱点以及由此带来的风险大小的评估。一般将信息安全风险评估实施划分为评估准备、风险要素识别、风险分析和风险处置 4 个阶段。其中对评估活动中的各类关键要素资产、威胁、脆弱性、安全措施进行识别和赋值的过程属于 __(59)__ 阶段。

(59) A．评估准备　　　　　B．风险要素识别
　　　C．风险分析　　　　　D．风险处置

试题（59）分析

本题考查计算机常见漏洞方面的基础知识。

在资产识别中，基于业务的范围和边界，分别对业务资产、系统资产、系统组件和单元资产进行识别与分析赋值。风险要素识别阶段：对评估活动中的各类关键要素资产、威胁、脆弱性、安全措施进行识别与赋值。

参考答案

（59）B

试题（60）

计算机取证主要围绕电子证据进行，电子证据必须是可信、准确、完整、符合法律法规的。电子证据肉眼不能够直接可见，必须借助适当的工具的性质，是指电子证据的__（60）__。

（60）A．高科技性　　　　　　B．易破坏性
　　　C．无形性　　　　　　　D．机密性

试题（60）分析

本题考查数据安全方面的基础知识。

电子证据处在由 0 和 1 的数字信号构成的虚拟空间或数字空间，属于办案人员不能直接进入的无形空间。

参考答案

（60）C

试题（61）

按照网络安全测评的实施方式，测评主要包括安全管理检测、安全功能检测、代码安全审计、安全渗透、信息系统攻击测试等。其中《信息安全技术 信息系统等级保护安全设计技术要求》（GB/T 25070—2010）等国家标准是__（61）__的主要依据。

（61）A．安全管理检测　　　　B．信息系统攻击测试
　　　C．代码安全审计　　　　D．安全功能检测

试题（61）分析

本题考查计算机和网络安全相关法律法规的基础知识。

信息系统等级保护安全设计技术要求针对的是系统的安全功能的测试。

参考答案

（61）D

试题（62）

网络安全渗透测试的过程可以分为委托受理、准备、实施、综合评估和结题 5 个阶段，其中确认渗透时间，执行渗透方案属于__（62）__阶段。

（62）A．委托受理　　B．准备　　C．实施　　D．综合评估

试题（62）分析

本题考查渗透测试的基础知识。

执行渗透测试方案属于实施阶段。

参考答案

（62）C

试题（63）

日志文件是纯文本文件，日志文件的每一行表示一个消息，由__(63)__4个域的固定格式组成。

(63) A．时间标签、主机名、生成消息的子系统名称、消息
　　　B．主机名、生成消息的子系统名称、消息、备注
　　　C．时间标签、主机名、消息、备注
　　　D．时间标签、主机名、用户名、消息

试题（63）分析

本题考查计算机常见漏洞方面的基础知识。

日志文件通常都不包含备注信息和敏感信息（如用户名）。

参考答案

(63) A

试题（64）

在 Windows 系统中需要配置的安全策略主要有账户策略、审记策略、远程访问、文件共享等。以下不属于配置账户策略的是__(64)__。

(64) A．密码复杂度要求　　　　B．账户锁定阈值
　　　C．日志审计　　　　　　　D．账户锁定计数器

试题（64）分析

本题考查系统安全策略的基础知识。

配置账户策略包括：

（1）密码策略。这些策略确定密码的设置，例如强制实施和生存期。

（2）账户锁定策略。这些策略确定账户被锁定到系统的条件和时间长度。

（3）Kerberos 策略。这些策略用于域用户账户。

参考答案

(64) C

试题（65）

随着数据库所处的环境日益开放，所面临的安全威胁也日益增多，其中攻击者假冒用户身份获取数据库系统访问权限的威胁属于__(65)__。

(65) A．旁路控制　　　　　　　B．隐蔽信道
　　　C．口令破解　　　　　　　D．伪装

试题（65）分析

本题考查数据安全方面的基础知识。

一些黑客和犯罪分子在用户存取数据库时猎取用户名和用户口令，然后假冒合法用户偷取、修改甚至破坏用户数据。数据库管理系统提供的安全措施主要包括用户身份鉴别、存取控制和视图等技术。

参考答案

(65) D

试题（66）

多数数据库系统有公开的默认账号和默认密码，系统密码有些就存储在操作系统中的普通文本文件中，如：Oracle 数据库的内部密码就存储在 __(66)__ 文件中。

(66) A．listener.ora B．strXXX.cmd
　　 C．key.ora 　　 D．paswrd.cmd

试题（66）分析

本题考查数据安全方面的基础知识。

Oracle 数据库的内部密码都保存在一个名为 strXXX.cmd 的文件中，其中 XXX 是 Oracle 系统 ID 和 SID，默认是 "ORCL"。

参考答案

(66) B

试题（67）

数据库系统是一个复杂性高的基础性软件，其安全机制主要有标识与鉴别、访问控制、安全审计、数据加密、安全加固、安全管理等，其中 __(67)__ 可以实现安全角色配置、安全功能管理。

(67) A．访问控制　　　　　B．安全审计
　　 C．安全加固　　　　　D．安全管理

试题（67）分析

本题考查数据安全方面的基础知识。

安全角色配置、安全功能管理属于安全管理核心功能。

参考答案

(67) D

试题（68）

交换机是构成网络的基础设备，主要功能是负责网络通信数据包的交换传输。其中工作于 OSI 的数据链路层，能够识别数据中的 MAC，并根据 MAC 地址选择转发端口的是 __(68)__ 。

(68) A．第一代交换机　　　B．第二代交换机
　　 C．第三代交换机　　　D．第四代交换机

试题（68）分析

本题考查网络设备的基础知识。

第二代交换机根据 MAC 地址选择转发端口并自学习。

参考答案

(68) B

试题（69）

以下不属于网络设备提供的 SNMP 访问控制措施的是 __(69)__ 。

(69) A．SNMP 权限分级机制　　B．限制 SNMP 访问的 IP 地址
　　 C．SNMP 访问认证　　　　D．关闭 SNMP 访问

试题（69）分析

本题考查计算机网络协议及其安全性方面的基础知识。

SNMP 支持 ACL 和 VACM（基于视图的访问控制）。对于 SNMPv3，增加了支持 USM（基于用户的安全模型）的安全机制，通过对通信的数据进行认证和加密，解决消息被伪装、篡改、泄密等安全问题。

参考答案

（69）A

试题（70）

网络设备的常见漏洞包括拒绝服务漏洞、旁路、代码执行、溢出、内存破坏等。CVE-2000-0945 漏洞显示思科 Catalyst 3500 XL 交换机的 Web 配置接口允许远程攻击者不需要认证就执行命令，该漏洞属于__（70）__。

（70）A．拒绝服务漏洞　　　　　　B．旁路
　　　C．代码执行　　　　　　　　D．内存破坏

试题（70）分析

本题考查计算机常见漏洞方面的基础知识。

漏洞允许远程攻击者执行命令，属于代码执行类漏洞。

参考答案

（70）C

试题（71）～（75）

Perhaps the most obvious difference between private-key and public-key encryption is that the former assumes complete secrecy of all cryptographic keys, whereas the latter requires secrecy for only the private key. Although this may seem like a minor distinction, the ramifications are huge: in the private-key setting the communicating parties must somehow be able to share the __（71）__ key without allowing any third party to learn it, whereas in the public-key setting the __（72）__ key can be sent from one party to the other over a public channel without compromising security. For parties shouting across a room or, more realistically, communicating over a public network like a phone line or the Internet, public-key encryption is the only option.

Another important distinction is that private-key encryption schemes use the __（73）__ key for both encryption and decryption, whereas public-key encryption schemes use __（74）__ keys for each operation. That is, public-key encryption is inherently asymmetric. This asymmetry in the public-key setting means that the roles of sender and receiver are not interchangeable as they are in the private-key setting: a single key-pair allows communication in one direction only. (Bidirectional communication can be achieved in a number of ways; the point is that a single invocation of a public-key encryption scheme forces a distinction between one user who acts as a receiver and other users who act as senders.) In addition, a single instance of a __（75）__ encryption scheme enables multiple senders to communicate privately with a single receiver, in contrast to the private-key case where a secret key shared between two parties enables private communication only between those two parties.

(71) A. main　　　　B. same　　　　C. public　　　　D. secret
(72) A. stream　　　B. different　　 C. public　　　　D. secret
(73) A. different　　B. same　　　　C. public　　　　D. private
(74) A. different　　B. same　　　　C. public　　　　D. private
(75) A. private-key　B. public-key　　C. stream　　　　D. Hash

参考译文

也许私钥和公钥加密之间最明显的区别是，前者假设所有密钥都是完全保密的，而后者只要求私钥是保密的。尽管这看起来是一个很小的区别，但其结果差异是巨大的：在私钥设置中，通信方必须能够在不允许任何第三方学习的情况下共享私有密钥，而在公钥设置中，公钥可以通过公共信道从一方发送到另一方，而不会影响安全性。对于在房间里大喊大叫的各方，或者更现实地说，通过电话线或互联网等公共网络进行通信，公钥加密是唯一的选择。

另一个重要区别是，私钥加密方案对加密和解密都使用同一个密钥，而公钥加密方案对每个操作都使用不同的密钥。也就是说，公钥加密本质上是不对称的。公钥设置中的这种不对称性意味着发送方和接收方的角色不能像私钥设置中那样互换：单个密钥对只允许在一个方向上进行通信。（双向通信可以通过多种方式实现；关键是，公钥加密方案的一次调用强制区分充当接收方的一个用户和充当发送方的其他用户。）此外，公钥加密方案的单个实例使多个发送方能够与单个接收方私下通信，与双方共享密钥使得仅在这两方之间能够进行私人通信的私钥加密方案的情况相反。

参考答案

(71) D　(72) C　(73) B　(74) A　(75) B

第 10 章 2022 下半年信息安全工程师
下午试题分析与解答

试题一（共 20 分）
阅读下列说明和图，回答问题 1 至问题 5，将解答填入答题纸的对应栏内。

【说明】
已知某公司网络环境结构主要由三个部分组成，分别是 DMZ 区、内网办公区和生产区，其拓扑结构如图 1-1 所示。信息安全部的王工正在按照等级保护 2.0 的要求对部分业务系统开展安全配置。图 1-1 中，网站服务器的 IP 地址为 192.168.70.140，数据库服务器的 IP 地址是 192.168.70.141，信息安全部计算机所在网段为 192.168.11.1/24，王工所使用的办公计算机 IP 地址为 192.168.11.2。

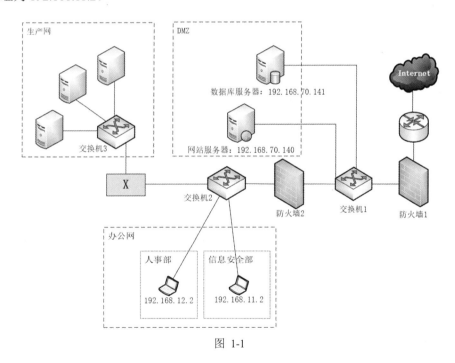

图 1-1

【问题 1】（2 分）
为了防止生产网受到外部的网络安全威胁，安全策略要求生产网和其他网之间部署安全隔离装置，隔离强度达到接近物理隔离。请问图中 X 最有可能代表的安全设备是什么？

【问题 2】（2 分）

防火墙是网络安全区域边界保护的重要技术，防火墙防御体系结构主要有基于双宿主主机防火墙、基于代理型防火墙和基于屏蔽子网的防火墙。图 1-1 拓扑图中的防火墙布局属于哪种体系结构类型？

【问题 3】（2 分）

通常网络安全需要建立四道防线，第一道是保护：阻止网络入侵；第二道是监测：及时发现入侵和破坏；第三道是响应：攻击发生时确保网络打不垮；第四道是恢复：使网络在遭受攻击时能以最快速度起死回生。请问图 1-1 拓扑图中防火墙 1 属于第几道防线？

【问题 4】（6 分）

图 1-1 中防火墙 1 和防火墙 2 都采用 Ubuntu 系统自带的 iptables 防火墙，其默认的过滤规则如图 1-2 所示。

```
Chain INPUT (policy ACCEPT)
target     prot opt source               destination

Chain FORWARD (policy ACCEPT)
target     prot opt source               destination

Chain OUTPUT (policy ACCEPT)
target     prot opt source               destination
```

图 1-2

（1）请说明上述防火墙采取的是白名单还是黑名单安全策略。

（2）图 1-2 显示的是 iptables 哪个表的信息，请写出表名。

（3）如果要设置 iptables 防火墙默认不允许任何数据包进入，请写出相应命令。

【问题 5】（8 分）

DMZ 区的网站服务器是允许互联网进行访问的，为了实现这个目标，王工需要对防火墙 1 进行有效配置。同时王工还需要通过防火墙 2 对网站服务器和数据库服务器进行日常运维。

（1）防火墙 1 应该允许哪些端口通过？

（2）请编写防火墙 1 上实现互联网只能访问网站服务器的 iptables 过滤规则。

（3）请写出王工计算机的子网掩码。

（4）了使王工能通过 SSH 协议远程运维 DMZ 区中的服务器，请编写防火墙 2 的 iptables 过滤规则。

试题一分析

本题考查网络安全运维的一些基本概念和典型网络的安全配置，重点是防火墙的过滤规则编写。

本题要求考生对典型的网络拓扑以及安全设备在拓扑中的典型部署有清晰的认识，并能结合运维实际对远程登录 SSH 协议和防火墙如何过滤各类异常流量有较好的实践操作能力。

【问题 1】

根据题目所要求的隔离功能，而且要接近物理隔离，只有网闸可以实现。

【问题 2】

图 1-1 中的防火墙由内外网防火墙、中间的 DMZ 区域和服务器组成，属于屏蔽子网类型的防火墙。

【问题 3】

图 1-1 中的防火墙 1 是所有互联网主机访问公司网络环境的第一道关口，也是安全防护的第一道防线。

【问题 4】

（1）图中链的默认策略是 ACCEPT，也就是默认放行所有网络分组，因此也就只有明确禁止的网络分组才会被过滤掉，因此属于黑名单机制。

（2）在 iptables 防火墙中，默认的表是过滤表，就是 filter。

（3）改变过滤策略的命令选项是-P，由于只对进入的分组进行限制，也就是对 INPUT 链进行设置即可，因此对应的过滤命令是：iptables -P INPUT DROP。

【问题 5】

（1）防火墙 1 的重点是保障互联网用户能够正常访问 DMZ 区的公共服务，本例中就是 Web 服务，因此应该放行 HTTP 协议的 80 号端口、域名解析所需要的 53 号端口。需注意数据库服务只能是本地服务才能访问，不应当开放到公网当中。

（2）编写此规则的重点是：TCP 协议、目标是 80 号端口而且是由外到内的 Web 访问。过滤规则为：

iptables –A INPUT –m state –state NEW –m tcp –p tcp –dport 80 –j ACCEPT

（3）根据王工计算机的 IP 地址，可知默认掩码是 255.255.255.0。

（4）按照要求，防火墙需要放行 TCP 协议的 22 号端口，而且是来自王工的计算机（IP 地址），因此防火墙 2 的 iptables 过滤规则如下：

iptables –A INPUT –s 192.168.11.2 –p tcp –dport 22 –j ACCEPT

参考答案

【问题 1】

网闸

【问题 2】

基于屏蔽子网的防火墙

【问题 3】

第一道防线

【问题 4】

（1）黑名单

（2）filter

（3）iptables –P INPUT DROP

【问题 5】

（1）80，53

（2）iptables –A INPUT –m state –state NEW –m tcp –p tcp –dport 80 –j ACCEPT

（3）255.255.255.0

（4）iptables –A INPUT –s 192.168.11.2 –p tcp –dport 22 –j ACCEPT

试题二（共 20 分）

阅读下列说明，回答问题 1 至问题 5，将解答填入答题纸的对应栏内。

【说明】

Linux 系统中所有内容都是以文件的形式保存和管理的，即一切皆文件。普通文本、音视频、二进制程序是文件，目录是文件，硬件设备（键盘、监视器、硬盘、打印机）是文件，就连网络套接字等也都是文件。

在 Linux Ubuntu 系统下执行 ls 命令后显示的结果如图 2-1 所示。

```
hujianwei@local:/var/run$ ls -l
drwxr-xr-x  2 root    root         40  7月 20 16:11 openvpn
lrwxrwxrwx  1 root    root          8  7月 20 16:11 shm -> /dev/shm
srw-rw-rw-  1 root    root          0  7月 20 16:11 snapd.socket
-rw-r--r--  1 root    root          4  7月 20 16:11 crond.pid
-rwsr-xr-x  1 root    root     203768  7月 20 16:11 abc
```

图 2-1

【问题 1】（2 分）

请问执行上述命令的用户是普通用户还是超级用户？

【问题 2】（3 分）

（1）请给出图 2-1 中属于普通文件的文件名。

（2）请给出图 2-1 中的目录文件名。

（3）请给出图 2-1 中的符号链接文件名。

【问题 3】（2 分）

符号链接作为 Linux 系统中的一种文件类型，它指向计算机上的另一个文件或文件夹。符号链接类似于 Windows 中的快捷方式。

如果要在当前目录下，创建图 2-1 中所示的符号链接，请给出相应命令。

【问题 4】（3 分）

当源文件（或目录）被移动或者被删除时，指向它的符号链接就会失效。

（1）请给出命令，实现列出 /home 目录下各种类型（如：文件、目录及子目录）的所有失效链接。

（2）在（1）基础上，完善命令以实现删除所有失效链接。

【问题 5】（10 分）

Linux 系统的权限模型由文件的所有者、文件的组、所有其他用户以及读（r）、写（w）、执行（x）组成。

（1）请写出第一个文件的数字权限表示。
（2）请写出最后一个文件的数字权限表示。
（3）请写出普通用户执行最后一个文件后的有效权限。
（4）请给出去掉第一个文件的"x"权限的命令。
（5）执行（4）给出的命令后，请说明 root 用户能否进入该文件。

试题二分析

本题考查 Linux 系统下的权限控制以及相对应的访问控制模型。

【问题 1】

根据命令行最后的"$"符号，可以判断出该用户是普通用户。

【问题 2】

使用 ls 命令查看文件的详细信息时，第一列的最左边一个字符表示文件的类型，d 表示目录，l 表示符号链接文件，s 表示 socket 套接字文件，-表示普通文件。因此，在题目中的五个文件中，最后两个文件是普通文件，第一个是目录，第二个是符号链接文件。

【问题 3】

当前路径是：/var/run，创建符号链接的命令是 ln，符号链接选项是-s，完整的创建指向 //dev/shm 文件的 shm 符号链接命令如下：

ln -s /dev/shm shm

【问题 4】

find 命令的文件类型使用选项"-type"，l（小写字母）告诉 find 命令查找符号链接。而查找指向不存在的文件的符号链接使用 xtype，因此最终的命令为：find /home -xtype l。

要删除失效链接使用 exec 和\;的组合表示执行一条命令，中间使用 rm {}表示删除返回找到的失效链接。

find /home -xtype l -exec rm {} \;

更为简洁的方式是：

find /home -xtype l -delete

【问题 5】

按照 Linux 文件的权限规定，读（r）、写（w）、执行（x）分别表示 4、2、1，对应的第一个文件的数字表示权限为 755。

注意最后一个文件的 s 比特位表示 SUID 特权，此时其权限表示 4000，外加 755，其最终权限为 4755。

按照 SUID 的规则，普通用户执行后获得文件属主，在此就是 root 的权限。

执行权限是 x，使用 chmod 命令改变权限，所有人去掉执行权限就是：

chmod a-x openvpn

x 权限对于目录来说意味着无法进入该目录。

参考答案

【问题 1】

普通用户

【问题 2】

（1）crond.pid 和 abc

（2）openvpn

（3）shm

【问题 3】

ln -s /dev/shm shm

【问题 4】

（1）find /home -xtype l

（2）find /home -xtype l -delete

【问题 5】

（1）755

（2）4755

（3）root

（4）chmod a-x openvpn

（5）不能，去掉 x 对目录来说该用户没有进入目录的权限。

试题三（共 18 分）

阅读下列说明和图，回答问题 1 至问题 9，将解答填入答题纸的对应栏内。

【说明】

Windows 系统日志是记录系统中硬件、软件和系统问题的信息，同时还可以监视系统中发生的事件。用户可以通过它来检查错误发生的原因，或者寻找受到攻击时攻击者留下的痕迹。

有一天，王工在夜间的例行安全巡检过程中，发现有异常日志告警，通过查看 NTA 全流量分析设备，找到了对应的可疑流量，请分析其中可能的安全事件。

日志	事件数: 3,625			
级别	日期和时间	来源	事件 ID	任务类别
ⓘ 信息	2022/7/23 22:00:04	Microsoft Windows security auditing.	4625	Logon
ⓘ 信息	2022/7/23 22:00:04	Microsoft Windows security auditing.	4625	Logon
ⓘ 信息	2022/7/23 22:00:04	Microsoft Windows security auditing.	4625	Logon
ⓘ 信息	2022/7/23 22:00:04	Microsoft Windows security auditing.	4625	Logon
ⓘ 信息	2022/7/23 22:00:04	Microsoft Windows security auditing.	4625	Logon
ⓘ 信息	2022/7/23 22:00:03	Microsoft Windows security auditing.	4625	Logon
ⓘ 信息	2022/7/23 22:00:03	Microsoft Windows security auditing.	4625	Logon
ⓘ 信息	2022/7/23 22:00:03	Microsoft Windows security auditing.	4625	Logon
ⓘ 信息	2022/7/23 22:00:03	Microsoft Windows security auditing.	4625	Logon
ⓘ 信息	2022/7/23 22:00:03	Microsoft Windows security auditing.	4625	Logon
ⓘ 信息	2022/7/23 22:00:03	Microsoft Windows security auditing.	4625	Logon
ⓘ 信息	2022/7/23 22:00:03	Microsoft Windows security auditing.	4625	Logon
ⓘ 信息	2022/7/23 22:00:03	Microsoft Windows security auditing.	4625	Logon

图 3-1

No.	Source	Destination	Protocol	Length	Info
11888	192.168.69.69	192.168.1.100	TCP	66	49924 → 3389 [SYN] Seq=0 Win=8192 Len=0 MSS=14
11889	192.168.1.100	192.168.69.69	TCP	66	3389 → 49924 [SYN, ACK] Seq=0 Ack=1 Win=8192 L
11890	192.168.69.69	192.168.1.100	TCP	60	49924 → 3389 [ACK] Seq=1 Ack=1 Win=65536 Len=0
11891	192.168.69.69	192.168.1.100	TLSv1	73	Ignored Unknown Record
11892	192.168.1.100	192.168.69.69	TCP	54	3389 → 49924 [ACK] Seq=1 Ack=20 Win=65536 Len=
11893	192.168.1.100	192.168.69.69	TLSv1	73	Ignored Unknown Record
11899	192.168.69.69	192.168.1.100	TCP	60	49924 → 3389 [ACK] Seq=20 Ack=20 Win=65536 Len
12161	192.168.69.69	192.168.1.100	TLSv1	248	Client Hello
12162	192.168.1.100	192.168.69.69	TLSv1	878	Server Hello, Certificate, Server Hello Done
12164	192.168.69.69	192.168.1.100	TLSv1	380	Client Key Exchange, Change Cipher Spec, Encry
12165	192.168.1.100	192.168.69.69	TLSv1	113	Change Cipher Spec, Encrypted Handshake Messag
12167	192.168.69.69	192.168.1.100	TCP	60	49924 → 3389 [ACK] Seq=540 Ack=903 Win=64768 L
12168	192.168.69.69	192.168.1.100	TLSv1	139	Application Data
12169	192.168.1.100	192.168.69.69	TLSv1	251	Application Data
12170	192.168.69.69	192.168.1.100	TLSv1	875	Application Data
12171	192.168.1.100	192.168.69.69	TLSv1	395	Application Data

图 3-2

【问题 1】（2 分）

Windows 系统提供的日志有三种类型，分别是系统日志、应用程序日志和安全日志，请问图 3-1 的日志最有可能来自哪种类型的日志？

【问题 2】（2 分）

请选择 Windows 系统所采用的记录日志信息的文件格式后缀名。

备选项：

  A．log   B．txt   C．xml   D．evtx

【问题 3】（2 分）

访问 Windows 系统中的日志记录有多种方法，请问通过命令行窗口快速访问日志的命令名字（事件查看器）是什么？

【问题 4】（2 分）

Windows 系统通过事件 ID 来记录不同的系统行为，图 3-1 的事件 ID 为 4625，请结合任务类别，判断导致上述日志的最有可能的情况。

备选项：

  A．本地成功登录 B．网络失败登录 C．网络成功登录 D．本地失败登录

【问题 5】（2 分）

王工通过对攻击流量的关联分析定位到了图 3-2 所示的网络分组，请指出上述攻击针对的是哪一个端口。

【问题 6】（2 分）

如果要在 Wireshark 当中过滤出上述流量分组，请写出在显示过滤框中应输入的过滤表达式。

【问题 7】（2 分）

Windows 系统为了实现安全的远程登录使用了 tls 协议，请问图 3-2 中，服务器的数字证书是在哪一个数据包中传递的？通信双方是从哪一个数据包开始传递加密数据的？请给出对应数据包的序号。

【问题 8】(2 分)

网络安全事件可分为有害程序事件、网络攻击事件、信息破坏事件、信息内容安全事件、设备设施故障、灾害性事件和其他事件。请问上述攻击属于哪一种网络安全事件?

【问题 9】(2 分)

此类攻击针对的是三大安全目标(保密性、完整性、可用性)中的哪一个?

试题三分析

【问题 1】

根据图中第三列的日志来源判断是安全日志。

【问题 2】

Windows 系统采用的日志格式为 evtx。

【问题 3】

Windows 系统中快速查看日志的命令是 eventvwr.msc。

【问题 4】

根据图中最后一列的 Logon 判断是登录类型日志,而且是大量失败的日志,很有可能是在进行口令爆破类攻击。

【问题 5】

观察三次握手即可得知是 3389。

【问题 6】

tcp.port==3389

【问题 7】

12161 是客户端证书,12162 是服务端的证书,后续是密钥交换,交换结束后,在 12168 开始使用新的密钥进行密文传输。

【问题 8】

上述是典型的口令暴力破解攻击,属于网络攻击事件。

【问题 9】

破解口令是为了能合法登录目标系统,访问和解密非授权的信息,针对的是保密性。

参考答案

【问题 1】

安全日志

【问题 2】

D

【问题 3】

eventvwr.msc

【问题 4】

B

【问题 5】

3389

【问题 6】
　　tcp.port==3389
【问题 7】
　　12162，12168
【问题 8】
　　网络攻击事件
【问题 9】
　　保密性

试题四（共 17 分）

阅读下列说明，回答问题 1 至问题 5，将解答填入答题纸的对应栏内。

【说明】

　　网络安全侧重于防护网络和信息化的基础设施，特别重视重要系统和设施、关键信息基础设施以及新产业、新业务和新模式的有序和安全。数据安全侧重于保障数据在开放、利用、流转等处理环节的安全以及个人信息隐私保护。网络安全与数据安全紧密相连，相辅相成。数据安全要实现数据资源异常访问行为分析，高度依赖网络安全日志的完整性。随着网络安全法和数据安全法的落地，数据安全已经进入法制化时代。

【问题 1】（6 分）

　　2022 年 7 月 21 日，国家互联网信息办公室公布的对滴滴全球股份有限公司依法作出网络安全审查相关行政处罚的决定，开出了 80.26 亿元的罚单，请分析一下，滴滴全球股份有限公司违反了哪些网络安全法律法规？

【问题 2】（2 分）

　　根据《中华人民共和国数据安全法》，数据分类分级已经成为企业数据安全治理的必选题。一般企业按数据敏感程度划分，数据可以分为一级公开数据、二级内部数据、三级秘密数据、四级机密数据。请问，一般员工个人信息属于几级数据？

【问题 3】（2 分）

　　隐私可以分为身份隐私、属性隐私、社交关系隐私、位置轨迹隐私等几大类，请问员工的薪水属于哪一类隐私？

【问题 4】（2 分）

　　隐私保护常见的技术措施有抑制、泛化、置换、扰动和裁剪等。若某员工的月薪为 8750 元，经过脱敏处理后，显示为 5 千元～1 万元，这种处理方式属于哪种技术措施？

【问题 5】（5 分）

　　密码学技术也可以用于实现隐私保护，利用加密技术阻止非法用户对隐私数据的未授权访问和滥用。若某员工的用户名为"admin"，计划用 RSA 对用户名进行加密，假设选取的两个素数 p=47，q=71，公钥加密指数 e=3。

请问：

（1）上述 RSA 加密算法的公钥是多少？

（2）请给出上述用户名的十六进制表示的整数值。

(3) 直接利用（1）中的公钥对（2）中的整数值进行加密是否可行？请简述原因。
(4) 请写出对该用户名进行加密的计算公式。

试题四分析
【问题 1】
根据事件描述可知，与网络安全法、数据安全法、个人信息保护法相关。

【问题 2】
个人信息通常属于二级内部数据。

【问题 3】
员工的薪水信息为属性隐私。

【问题 4】
泛化脱敏方式是在保留原始数据的局部特征的前提下使用其他方式替代原始数据的方式。例如，只需要知道人群的年龄阶段，即 11～20、21～30、31～40……不需要知道具体年龄的场景。应用比较广泛的场景有数据统计场景等。

【问题 5】
公钥是（n, e）=（3337, 3）。
按照字符和其 ASCII 关系进行转换即可，也就是 0x61646d696e。
如果将上述十六进制数转换为十进制数，可知大于模数 3337，因此无法进行加密运算。
因此最好的加密方法就是单个字符进行单独加密运算。如下：

小写字母 a：$(0x61)^3 \bmod 3337$

小写字母 d：$(0x64)^3 \bmod 3337$

小写字母 m：$(0x6d)^3 \bmod 3337$

小写字母 i：$(0x69)^3 \bmod 3337$

小写字母 n：$(0x6e)^3 \bmod 3337$

参考答案
【问题 1】
网络安全法、数据安全法、个人信息保护法

【问题 2】
二级内部数据

【问题 3】
属性隐私

【问题 4】
泛化

【问题 5】
（1）（3337, 3）

（2）0x61646d696e

（3）不可行，上述整数值大于公钥模数 n。

（4）对该用户名进行加密的计算公式如下：

$(0x61)^3 \bmod 3337$

$(0x64)^3 \bmod 3337$

$(0x6d)^3 \bmod 3337$

$(0x69)^3 \bmod 3337$

$(0x6e)^3 \bmod 3337$